逃生背包

BUILD THE PERFECT BUG OUT BAG

Your 72-Hour Disaster Survival kit

黄金72小时灾难自救必备

「美」
克里克·斯图尔特
Creek Stewart
著

南洋富商
译

人民文学出版社

 Published by Betterway Home, an imprint of F+W Media,Inc., 10151 Carver Road,Suite 200,Blue Ash,Ohio,45242.(800)289-0963.First Edition.

Other fine Betterway Home books are available from your local bookstore and online suppliers.Visit our website at www.betterwaybooks.com.

图书在版编目（CIP）数据

逃生背包：黄金72小时灾难自救必备 /（美）克里克·斯图尔特著；南洋富商译.
—北京：人民文学出版社，2022（2024.10重印）
ISBN 978-7-02-017376-1

Ⅰ.①逃… Ⅱ.①克…②南… Ⅲ.①自救互救—基本知识 Ⅳ.①X4

中国版本图书馆CIP数据核字（2022）第148256号

出版发行 人民文学出版社
社　　址 北京市朝内大街166号
邮政编码 100705

责任编辑 陈　旻　周　贝
装帧设计 陶　雷
责任印制 张　娜

印　　刷 中国电影出版社印刷厂
经　　销 全国新华书店等

字　　数 160千字
开　　本 850毫米×1168毫米　1/32
印　　张 8.75　插页1
印　　数 19001—22000
版　　次 2022年10月北京第1版
印　　次 2024年10月第5次印刷

书　　号 978-7-02-017376-1
定　　价 45.00元

如有印装质量问题，请与本社图书销售中心调换。电话：010-65233595

目录

第十四章　其他物品　183

14

引言

你听到远处传来警报声。停电了。你拿起电话，却没有拨号音。你拿起手机求救，却总是线路繁忙。你知道灾难正在逼近，等待绝非良策。在令人窒息的死寂中，你能听到墙上时钟的声音：嘀嗒，嘀嗒。你必须马上离开家，否则你和家人都会死。

无论你是否喜欢，灾难来了。无论你长相俊丑、住什么房、开什么车、有多少钱，灾难都对你一视同仁——没有谁可以免于灾难的威胁。灾难总是毫无征兆地突如其来。人一生中，很少有这种一分一秒、一举一动都至关重要的时刻。在这关键时刻，没有什么比生命更重要。你未来的人生，取决于你在灾难来袭的刹那间准备得如何。

备灾不再是小众亚文化生存狂的独特心态，这种觉悟已经成为主流现象。各行各业、各种各样的人，都明白这个道理：灾难迟早降临，只是时间问题。

近年来，各种自然灾害和人为灾害在媒体上频频曝光，唤醒了我们内心深处潜藏的生存狂意识。历史反复证明，即便城市、州和国家的应急系统搞得再好，面对大规模的灾难也永远是力不从心。灾难还会带来可怕的动乱，正常的公共安全系统和社会秩序都会崩溃。这种意识，让人们向往自给自足、有备无患的生活。人们深知为突发性灾难做准备的必要性。

有时候，即便你在家里，灾难也会威胁你和家人。待在家里蜷伏突然间就不再是安全策略，为了生存，最好的决策是逃离。这种决定，叫“逃生”（bugging out）。

逃生

定义

由于某种突发险情——无论是自然灾害还是人为灾害，让你决定逃离家园，这就是逃生。脑袋里总想着遇到突发危急情况而离家逃命，这并非想多了，实际上这类突发的自然和人为灾害确确实实经常发生。龙卷风、飓风、地震、洪水、火灾、热浪、火山爆发，都是来势迅猛、势如破竹，摧毁住宅、汽车、道路、医疗设施、物资供应链（比如食物、水、燃料和电力）。一次又一次，我们亲眼看到发生在美国和境外的各种灾难让千千万万的人措手不及，离开家园。有些人毫无准备，日常也没有应急计划，离家后就沦落到靠捡垃圾和乞食为生，栖身于临时的遮蔽处，苟活性命于乱世。如今时局不稳，政治和经济形势难以预测，依然要提防恐怖分子和国内外的武装力量袭击我们，迫使我们离家逃难。战争并非唯一的人为灾难，堤坝会倒塌、发电厂会出事故、管道会爆炸、石油会泄漏、各种人造的建筑和设施会倒塌，这些都会成灾。有时候瘟疫的暴发也会引起撤离。

我们无法控制灾害来临的时间、地点、方式，但是可以为预防灾害做好准备。秩序和混乱只有一线之隔，有时候几秒钟的时间就会有天壤之别。在分秒必争的关头，事先有规划和配套的工具，是生存的关键。在各种逃生场景中，你需要一个装满重要生存物资的“72小时生存套装”，它是你的“无价之宝”。这个套装称为“逃生背包”，是你逃生规划中的重要物资，或许某天会救你一命。

逃生背包

定义

逃生背包（Bug Out Bag，BOB），是在你到达逃生目的地（Bug Out Location，BOL）之前的旅途中，靠它支持72小时独立生存的背包套装。这种背包有多种别名，比如“72小时背包”“逃出道奇包（Get Out of Dodge，GOD）”“EVAC包”“说走就走包（GO Bag）”“战斗箱（Battle Box）”。别管它叫什么，一个逃生背包就是按照你和家人的需求量身定做的72小时生存套装。逃生背包通常放在家里，要在灾难来临前准备好。一旦获悉紧急情况，可以拿上就走。

逃生背包

指南

关于逃生的书已经有很多。本书与众不同，它是一份完整的指南，详尽介绍了如何从头到尾打造一个逃生背包，让你和家人在72小时的逃生旅途中有备无患。其中的内容并不仅仅针对健壮的中青年群体，也包括儿童、老人、残障人士，甚至宠物。

逃生背包，72小时灾难求生装备

其中的分类检查表可以帮助你快速方便地确认你所需的基础物资是否都已经准备好。每种物品的功能和重要性都有透彻的介绍，大多数还有用法说明。

本书考虑到所有的常见灾难，并对各种特定灾难做了提示。如果你生活的地方特别容易发生这些灾难，可以参照提示内容加入这些物资。我会带你一步步去做，帮你打造既让你感到舒适，又符合所在环境的逃生背包。只有在本书中，你才能找到如此完整而详尽的自制逃生背包指南。

或许你听过一句话：“你做，它们就会来。”但是讨论逃生背包和灾难，我的生存格言是：“快做，它们马上就到了。”

开始行动吧！

第一章

了解逃生背包

灾难突发，会带来一团糟，让你陷于生死存亡的困境。一旦遇上，即便是平时很简单的事，也变得艰难凶险。

环境冷酷，前途未卜，逃生背包可以助你一臂之力。但是对于未受过生存训练的人来说，如何做一个逃生包却是个难题。在打造逃生背包前，先要弄明白几个重要的基本概念，知道哪些目标是正确的，纠正那些你既有的却可能被误导的错误观点。

在我办的“柳树天堂户外俱乐部”（Willow Haven Outdoor）培训课程中，这一课称为“认识逃生背包”。

◆ 1.1 认识逃生背包

BOB 是简单又深刻的

逃生背包的用途很简单，就是为你提供基本的生存需要。但是，说起来容易，做起来却难。做一个或买一个逃生背包并不能救你的命，你得了解其中每一样东西的用法，才能发挥救命作用。

灾难不会给你安逸的生活环境。如果逃生又轻松又有趣，那就不叫逃生了，只能叫露营。即便在理想条件下，给自己准备一套生存用品也不容易，更何况在混乱骇人的场景下。毫无疑问，你得对逃生背包里的装备非常熟悉。要做到这一点，只有一个办法：实践和练习。

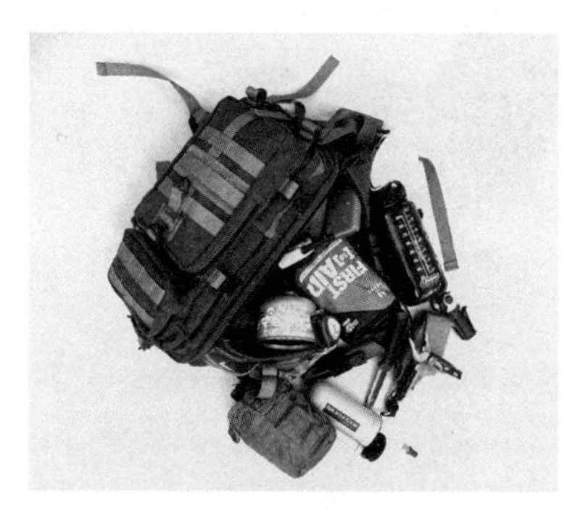

BOB 及各种装备

你和逃生背包的关系，就是：付出越多，收获越多。

那些我称为“沙发生存狂”的家伙总是把逃生背包想象得太简单，这些家伙喜欢扯生存技巧，却几乎没有（甚至从未有过）亲身经历。键盘侠们把鼠标滚轮磨得发烫，这大概是他们最接近摩擦取火的方式。对于那些过分简单化的逃生建议，大家一定要谨慎。

BOB 是一种投资

万物皆有因果，付出才有回报。求生要有实效，就得有所付出。没有一蹴而就的捷径，你得在逃生背包上花点时间。寻找各种装备已经够费心，学会使用还得继续努力。总之，逃生背包会耗掉你许多光阴。

另外，别贪便宜，别指望便宜货在性命攸关的时刻靠得住。虽然背包里每样东西都不太贵，加起来还是需要不少钱，你得准备几百美元。当然，花钱多少也取决于手头已经有多少现成的装备。这些东西都是拿

BOB 需要耗费时间

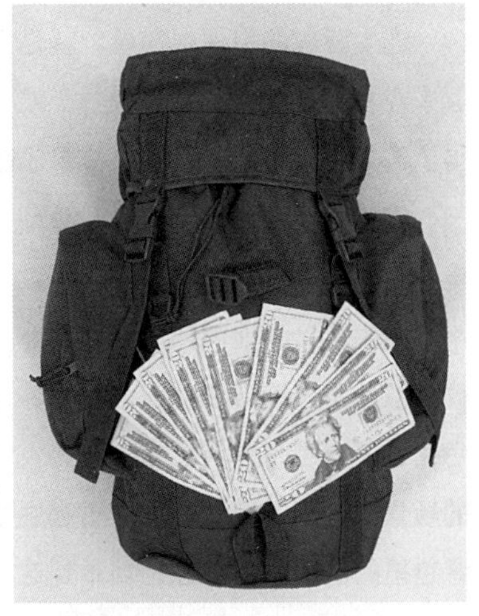

BOB 需要耗费金钱

来救你和家人性命的，花钱就别太抠门。一分钱一分货，这是我的经验教训。记住：逃生背包是一项面向未来的投资。

逃生背包要与时俱进

一切长期关系都会因时而变，改变需要付出。你和逃生背包的关系，也得与时俱进。你的人生若版本升级，逃生背包也得跟着升级。比如说，你原本是个“单身狗”，突然结婚了，你的72小时生存套装就得升级，或者干脆另加一套。若是家里添丁，生了孩子，你就得重新折腾逃生背包。如果工作调动，你从北缅因调到南加州，逃生背包里的衣服就得换，这道理想必你懂。

逃生背包需要维护，我建议每年维护两次，具体细节会在后文再讲。

逃生背包是一种保险策略

我给自己配置了这些保险：

汽车保险

房屋保险

人寿保险

健康保险

SHTF 保险①

最后一项 SHTF 保险，就是我值得信赖的小伙伴 BOB。你并不需要买一份 SHTF 保险，你的老板也不会给你这方面的福利津贴，但是你得让自己手头有个 BOB。人寿保险是你死的时候拿到钱，逃生背包是让你和家人“不死”。还有比这保险更重要的吗？内心的安全感，是多少钱都买不到的。

① When the shit hits the fan. 直译为大便打在风扇上，指大麻烦、大灾难来临的时刻。

BOB 是有趣又有用的朋友

对整个家庭而言，花时间在 BOB 上，不仅有趣，还有用。逃生背包不是在里面塞满东西扔在架子上就完事，要想学会怎么用里面的东西，就得亲自动手。实践，才是打造背包的关键。

无论是大人还是小孩，BOB 都能提供诸多学习机会。学习使用这些工具以满足生存需求，这过程充满了挑战，激发你的创造性、问题解决能力、团队合作精神、耐心和决断力。组装你自己的逃生背包，是人人可以终身受益的品格塑造课。试想一下你学到新技能时的成就感和安全感。

◆ 1.2 逃生背包的四大特征

你已经对逃生背包有了一定的了解，我们来看看一个精心规划的逃生背包有哪些特征。

72小时的装备

BOB 应该可以维持你和家人72小时的生存。72小时之内，你应该要到达有补给的目的地。使用得当的话，本书介绍的逃生背包可以为你提供远超72小时的生存需要。

方便舒适

在理想的情况下，如果你不得不逃生，或许你觉得最奢华的方式是开车。但是，这可能是无法保证的。很多原因会让你没法驾车：

没油了，或加不了油

道路封闭或毁坏

交通阻塞

汽车坏了

于是，你和家人只好靠脚走路。你的背包必须方便而舒适。大小要合适，装得下你的东西，重量要让你可以背着它走好几个小时甚至好几天。不同人的偏好、物资、体能不同，逃生背包的大小和重量也因人而异。

各就各位，预备，跑！

逃生背包要时刻准备，存放于随手可及的地方。灾难无情，至关重要的是迅速逃离的能力。话虽如此，你也不要放在让客人觉得醒目的地方。BOB 是一种投资，值钱的东西总得藏得好一点儿，免得被偷。逃生背包也一样，不要被人顺手牵羊。

BOB 应该放在看不到却容易想到的地方。藏得隐蔽，却容易拿到。我的 BOB 就隐藏在靠近后门的架子上，别人看它就是一堆毛巾之类的清洁用品，不会想到它竟然是全家最重要的物资。我称之为“城市伪装”。

量身定制

每个逃生背包的设计者和使用者都是独一无二的，因此背包也各不相同。你的 BOB 要反映你独特的品位、需求。不要买成品 BOB，那种产品的设计原则是花最低的成本提供最多的东西，让销售商有利润，我可不想用这种思路对待我的生命。成品套装是大众化的，缺乏很多理应按照你的个人情况和具体环境而定制的元素。虽然买个成品套装也比没有好，但是你却得不到自制专属设备时能够学到的知识。

徒步逃生

隐藏在家中的 BOB

◆ 1.3 小结

制作逃生背包不是死板的，而是主观的，允许一些创造性的自由，以及个性表达。没有标准答案。本书只是讲述了我如何打造逃生背包，而你可以用不同的办法解决类似的问题。一些你喜欢的工具和设备，我可能没有列出来。总之，怎么做都可以。我妈常说："剥猫皮的办法不止一种。"我每次在逃生工作坊授课时，也总能从学生那里学到新东西，这让我很喜欢。我不仅讲述逃生基本需求的知识，也讲我自己解决这些问题的思想方法。如果你完全按照我说的去打造逃生套装，那就说明你没抓住要点。别忘了，这是你"自己的"装备。

打造逃生背包不可能一天完成，甚至也不能一周完成，时刻准备着逃生，这是一种思维方式，也是一种生活方式。好东西总是来之不易，打造一个精良的逃生背包也不例外。当你的逃生背包完成后，你就会对自己精心挑选的每一样东西充满信心，也对自己的能力充满自信，一旦灾难来临，就可以利用它们在现实的逃生中挽救自己和所爱的人。

第二章

逃生背包：选一个背包

当你选择背包时，会发现款式极多。我在世界各地的不同环境中，试验、使用、测试了不计其数的包，从单肩包到旅行袋，以及各种各样的背包。依我之见，每个逃生背包，都必须是有两条肩带的双肩包，理由如下：

双肩包可以均匀分布重量，减少长期背负的疲劳。

双肩包让你双手自由，可以做其他事。若是拎着旅行袋之类的手提包，手就不能干别的。

双肩包通常是流线型的，移动时不容易被卡住。

双肩包贴身背在你身上，不容易意外丢失。

◆ 2.1 背包的类型

背包市场上，有成百上千的工厂和零售店，五花八门的背包款式，会让你眼花缭乱，陷入选择困境。但是你总得选一个。功能和舒适，是首要考虑的两大指标。下面的内容，我将指导你渡过选择困境的汪洋大海。所有的背包基本上可以分为三大类：

无架包

这类背包通常体积小，支撑差，虽然价格便宜，但是我不建议你用无架包做重要的逃生背包。这些包去野餐或海滩玩挺实用，但是不适合装载逃生物资。

无架包

外架包

我有许多外架包，也挺喜欢这

外架包

背在背上的外架包

内架包

种类型。外架包的优点是负荷能力强。外架包可以有效地把重量分散到臀部，大大减轻肩膀、上身、背部的疲劳。背包装在支架上，而不是直接压在你背上，所以通风好，大热天尤其适合。

但外架包背起来容易晃荡，有头重脚轻的感觉，这是因为它的重心离你的背部有点距离。与别的款式比，外架包也有点笨拙。我曾有一个外架包做的 BOB，用了很久。外架包这种款式还是很适合做 BOB 的。

内架包

市场上卖的包大多数是内架包。背包里面有坚固的支撑系统，撑起背包的形状和结构。这些支撑材料，可能是塑料、金属，甚至泡沫材料。由于造型优美灵巧，内架包深受户外运动爱好者青睐。它们紧凑合身、贴近身体，这样透气就不大好，这是内架包的最大缺点，尤其是大热天背着很不舒爽。

内架包的侧面

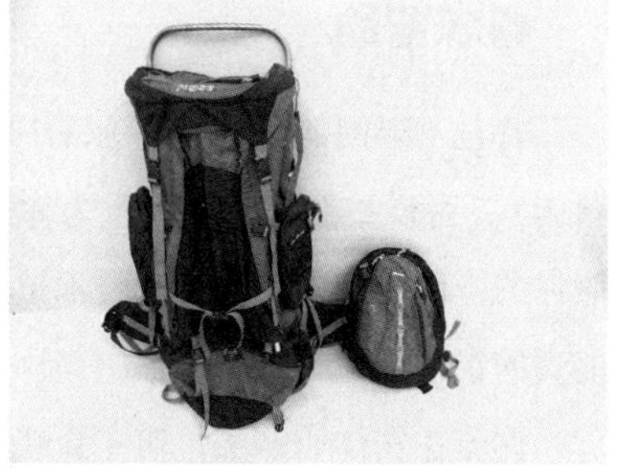

太大或太小的背包

贴身的设计减少了负重晃动，有助于平衡，尤其是走崎岖野路。这些背包由于占地面积小，很便捷，也容易放在家里。内架包可以做非常好的 BOB，我现在的 BOB 就是用内架包。

◆ 2.2 尺寸很重要

背包尺寸的选择，要在满足需要和舒适之间找个平衡点。既要够大，以便装得下足够的装备，又要保证长时间使用的舒适和便于管理。

跟着感觉走

选一个合适的背包是靠直觉的。并没有黑白分明的正确或错误答案，只是一个灰色地带。背包显然不能太小，但是也不能太大。

有些学员先收集所有背包内的逃生装备，最后才决定背包的大小。这样做当然也行。选一个大小适中的背包，背在身上要觉得合身，看起来也要跟你体形协调。

寻求帮助

背包不要网购！很多专业的户外和露营用品实体店（特别是独立自营店），可以按照身高和体重为你选择最适合的背包，有些甚至可以按照你的身体形状，用热定性技术量身打造，虽然要多花点钱，但是这功能真的很棒。

你若在实体店购买，店主会在背包里加上重物，让你感受一下负重状态的真实感觉。求助店员时，最好告诉他：你准备用于3 ~ 5天的背包旅行。这样，他就能推荐尺寸最适合的背包。

错误的决定

若是选错了包，后果会很惨。最大的痛苦，莫过于背着一个不合身、不舒服的背包徒步一整天。背包也不便宜，所以买包前要问清楚退换和保修的规则，你背上后若觉得不合适，赶紧退货。

嘿，他们有宝！

做个外表酷炫的逃生背包可不是什么好主意，这就像在背后放个

不合适的选择

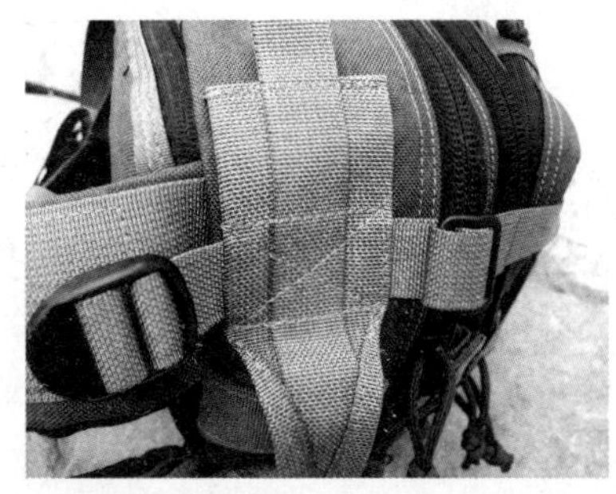

双层针线加固的边角

靶子。

炫耀自己的好东西，是人的劣根性。在 BOB 方面，你切勿显摆，要尽量低调。你要这样问自己：“怎样才能让我看起来像个没啥准备的人？”在灾难现场，各种物资都令人垂涎，而你身上正背着价值连城的宝物。你若自愿与他人分享，那没问题。但是如果你被迫分给他人，那就是另一回事了。

绝望会激发人性最恶的部分。遍地都是那些“伺机掠食”的人，即便你不曾让他们知道你和家人藏了一大堆的生存物资，你也会有很多麻烦。

灾难时刻，暴乱、掠夺、抢劫、偷窃都司空见惯（绝对如此）。若想善待自己，就让 BOB 低调一点。

◆ 2.3 BOB 的重要性能

耐用的结构

背包的设计和结构必须经得起“粗用”。要看背包细节，经得起粗用的背包有一些特点：缝线是加固的，采用双层针脚。

背包上绝不能有劣质拉链！ 如果有拉链，一定要看它的质量是否够好。有些背包采用防水拉链，这点倒是不错。

隔层

隔层清楚的背包便于放置物资，容易快速找到重要的物品。若是没有隔层，找东西不仅心烦，还很低效。

物品排列要组织得井然有序，这非常重要。在分秒必争的关头，比

防水拉链

像黑洞一样的 BOB

隔层分明的 BOB

如发信号求救时，你布置物品的水平高低，会给全局带来截然不同的结果。

防水

无论何时，装备、衣服、寝具若是打湿会带来痛苦，有时候甚至致命。建议选水密材料（waterproof）或防水材料（water-resistant）做的背包。有些背包里面还内置一个防雨袋。

我在户外实践中学到一招：在 BOB 背包里面衬一层高强度的垃圾袋，作为额外的防水层。我建议你也试试。

背包支撑

要选肩带上有宽垫的背包。长途行走，若肩带太窄，肩膀容易酸痛，甚至磨出水泡。

很多中型和大型的背包有臀带，以便把重量分散到你的臀部，而不

外面裹着雨披的贴身背包

用垃圾袋作内衬的 BOB

是完全由肩膀和上身来承担。臀带最多可以分散高达90%的背包重量，并把重量集中到人体的重心附近，大幅减少肩膀和颈部的劳损。为了长时间背负，若非别无选择，我绝不考虑没有臀带的背包。

◆ 2.4 全家人人都需要一个 BOB 吗?

遇到灾难，所有的家庭成员都得逃生。若有小孩、老人，甚至宠物一起逃生，就得多考虑一些（将在第十五章讨论）。

主背包（Primary BOB）

若是单身汉，只需这一个包。若是拖家带口，主背包也只需要一个。背包里装的，是全家人共用的关键求生工具，以及背包使用者的个人用品。作为主背包，逃生时无论如何都要带上。主背包应该由全家最强壮的人来背。

成人背包

十一岁以上的人，就应当视为成人。这种成人背包，只包括个人生

多功能用品：建筑用垃圾袋　　五星级☆☆☆☆☆

除了可当作 BOB 背包的衬里外，优质的垃圾袋还具有逃生用途。比如：

- 收集水的装置
- 地面陷阱
- 临时的庇护所
- 雨衣
- 漂浮用具（充满空气后系紧）
- 靠垫（装满干草或树叶）
- 求救标志

在洞口放一个垃圾袋，收集水

地面陷阱

遮阳棚

披风式雨衣

漂浮工具

求救信号

存用品：水、食物、衣服、卫生用品、寝具等。其他物品可有可无。至于共用生存物资，比如帐篷、点火工具等，则放在主背包里。这种背包不需要像主背包那样功能齐全，因为它的重量要轻一些。一个普通的无框架书包就可以凑合着用。

儿童背包

面向六至十岁儿童的背包，应该只装很轻的东西，比如衣物、卫生用品、寝具，或许还有一些小玩具。所有其他的生存必需品，比如水、

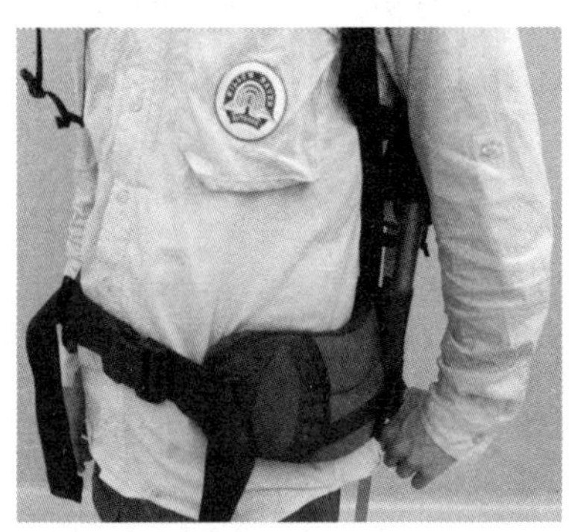

臀部腰带的作用

Kelty 牌婴儿背包

少年背包

伟士牌小车

食物，都应该分散在成人背包里，或集中在主背包。

六岁以下儿童

逃生时若是带着诸多生存物资，还得带着幼童，徒步逃生就不现实。普通成年人体力有限，这种超越体能极限的事儿根本不可行。家里若有太小的孩子不能独自走路，就该买一辆户外儿童旅行车或折叠式婴儿车。

牵引式儿童旅行车既可以载小孩，也可以载装备。这类旅行车的款式很多，从传统的 Radio Flyer[①]牌，到更结实的越野款，应有尽有，通常在附近的园艺用品店就有好几款。逃生时，小车可以塞到车后厢，或装在车顶行李架上。

结实的三轮折叠小车也是运孩子的好东西。它们轻便，可以快速展开，三轮结构更适合于不平的道路，速度也快，不少款式还带有储存空间。折叠车别考虑四个塑料轮子的廉价货。

若想行动更便捷，可以考虑婴儿背包。这种背包内置座椅和固定带，可以带很小的孩子。有些还有相当大的空间和额外的装备捆绑位置。这样的背包，既可以载孩子，也可以当成人背包。

结实的越野小车

带轮子的折叠式婴儿车

① 美国百年老字号童车品牌。

挂着逃生背包的轮椅

灾难经常破坏交通系统，公路、火车、大巴、地铁往往都会受阻。道路关闭，交通阻塞，燃料短缺，迫使你不得不依靠双脚走路。要未雨绸缪，事先准备好逃生儿童旅行车或折叠婴儿车。

老人和残疾人

2005年，卡特里娜飓风袭击美国，数以百计无法逃走的老人和残疾人在灾难中丧生。从某种程度讲，老人和残疾人应该像小孩一样得到照顾。你需要为他们的交通和个人生存物资做准备。

逃生时切勿使用电池供电的轮椅或机动设施。可以充电的地方太少，你会陷于无计可施的困境。如果无法充电，这些现代机器就变成笨重的累赘，寸步难行。你可以准备一辆传统的手推轮椅，逃生时随时可用。逃生背包可以挂在轮椅上，移动起来轻松一些。

一旦汽车无法使用，手推轮椅或许是老人和残疾人随你一起逃生的不二之选。你要为这种可能性做准备，否则到时候你没法带上他们。

◆ 2.5 给背包备货

迄今为止，我们对于逃生背包的打造仅仅是概念性的，主要是确定对背包的预期想法。从今天开始，咱们要亲自动手，搜罗各种装备，放在背包里。同时也要了解装备，学习如何使用，这部分相当有趣。填充逃生背包时，你要考虑如下十二类物资：

水和水具	**食物和炊具**
衣物	**帐篷和卧具**
火	**急救用品**
卫生用品	**工具**
照明	**通信**
保护和自卫	**其他杂物**

◆ 2.6 章节安排

接下来的十二章，每章讨论一个类别的物资。我会列出哪些需要放进背包，解释需要它们的原因。在书末，有一些物资自查清单，它们是按照如下三个等级划分的。

P1等级

这个等级，适合“极简背包客”，是为那些有户外知识和生存经验的人规划的。一个P1等级的背包客，可以用最少的装备在户外轻松生存。在户外世界，知识常常可以代替装备，而知识不会增加重量。也就是说，知识和经验越多，逃生背包里的装备就可以越少。在P1清单里，冗余物资被减到最少，因为使用者更多依赖于知识，而不是装备。

P2等级

这是适合普通背包客的打包清单。P2背包的装备，适合求生技能和知识都是平均水平的人。大多数人都属于P2等级。在一些关键的方面，有一些冗余备份，比如生火工具和净水设备。

P3等级

P3清单，适合那些户外求生技能缺乏、几乎完全依赖于背包中装备的个人和家庭。P3背包是最重的一类，由于增加大量额外的物资而变得臃肿笨重，对使用者的体力也是个考验。P3背包清单中，各类关键生存物资的冗余备份也是最多的。

关于定制的提示

这三个背包等级，仅仅是推荐性的参考原则。你要根据自己的具体需要和个人偏好，进一步个人化、定制化。某些类别的物资，你可以在不同清单中自行选择——这才是我的本意。

常见灾难应对思路　每一章都会对具体的灾难场景做具体的注解。你周边最容易发生哪些灾害，你对这些灾害的建议就要特别留意。

第三章
水

在求生领域，你要记住三大定律：

定律1：极端情况下，没有庇护能活3小时。

定律2：没水可以活3天。

定律3：没有食物可以活3周。

为了维持正常的人体“水合作用”，普通成年人每天需要至少一升水。若是体形和年龄较小，需水量或许可以略微减少。

脱水首先出现的症状是口渴。其他症状还有目眩、头疼、口干、尿液色深、头晕。脱水说来就来，会影响人的判断力，还可能导致受伤。在任何逃生场合，保持体内有足够的水分都是至关重要的。

逃生背包是为72小时规划的，建议每人带3升干净的饮用水。即便是3升水，也没有多少余量让你浪费。某些天气你可能需要多喝水，路途难走也会增加耗水量，个人卫生也会用点水。你的背包里，很大一部分都是水。你一路走一路喝，重量会慢慢变轻。在求生状况下，优质装水容器是无价之宝，因此选择容器就至关重要。

◆ 3.1 容器

把你的水分装在不同的容器。绝不要把3升水都放在一个容器里。理由如下：

1. 如果只有一个容器，弄丢了，或摔破了，就没办法带水了。这是很可怕的事儿。想在大自然中找个不漏水的容器，或者自己做一个，没那么容易。

2. 把水分装在两三个容器里，在BOB中的重量分布会更均衡。

我建议把水分开，装在如下三种不同的容器里：

Nalgene[①]牌32盎司[②]广口硬瓶式水壶

这些水壶结实耐用，不易压坏。在我无数次的探险过程中，它们从未出过问题。甚至有一次攀岩时从50英尺[③]高的地方掉下来，依然毫发无损。你要选广口类型的，因为加水方便，必要时还可以当餐具。水壶侧面印有刻度，吃干粮时特别方便。我用时它从未漏过水，你尽可以放心放在背包里。

金属瓶式水壶

这些水壶的重量与Nalgene水壶差不多，与其带2个Nalgene，不如把其中一个换成金属的。如果你准备的饮用水用完了，就得喝野外的水，这时候金属容器可以用来把水煮沸，净化为可饮用的水。

可折叠的软瓶水壶

可折叠软瓶的体积会随着水的消耗而变小。这种容器里的水应该先用，因为用完后几乎不占空间，重量也只有几盎司。虽然不是很耐用，

装满水的 Platypus 牌软水壶

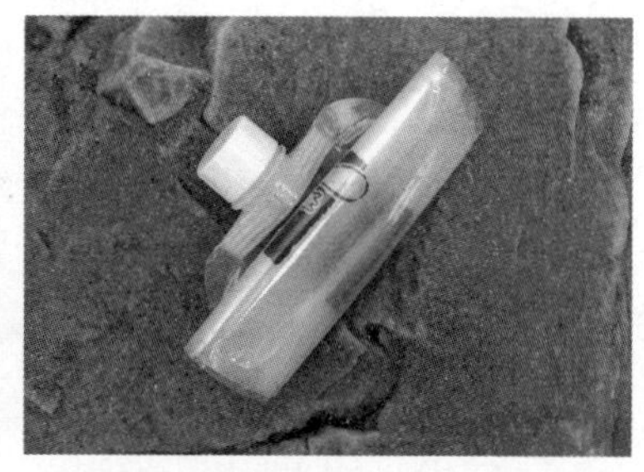

空的 Platypus 牌软水壶

① Nalgene 是美国最大的实验室及医疗用容器生产商，创立于1949年。

② 盎司，英制重量单位，1盎司约合28.3485克。

③ 约15米，1英尺约等于0.3米。

但是既然你已经有了前面提到的两种容器，就可以为了节省重量和空间牺牲一点耐用度。这类水壶可以在大多数户外用品店买到，款式很多，我用的是Platypus[①]牌子的。

◆ 3.2 在途中净水

3升水可以用多久？取决于很多因素。若是天气炎热干燥，自然用得多。若是路途艰难，也得多耗水。个人卫生也会用掉一部分水。水是生存关键，所以强烈建议你在背包里放两套净水设备，以便在有机会的时候安全补充水。BOB虽然是为72小时生存设计的，但是不能保证这个时间一定足够。你要准备在逃往目的地的路途中沿途取水。

煮开水

把水煮到沸腾是一种净水方法，但是在逃离或穿越灾难地带时并不方便。煮水需要消耗宝贵的时间和燃料，还会引起别人的注意。你还是多准备一种或两种其他的净水方法吧。

优点：

不需要高级设备

100%有效灭除有害细菌、病毒和细菌芽孢之类的微生物囊

缺点：

需要燃料资源

可能受天气影响

耗费时间

① Platypus（鸭嘴兽），美国Cascade Designs公司主要产品之一。

求生小贴士

记得在 Nalgene 牌水壶的外面裹上10~15英尺的胶带，这不仅能有效保护水壶，还会是非常好用的多功能求生资源。胶带的用途多达数百种，其中包括：急救绷带、绳索或是防水布、帐篷等装备的修理工具。我建议你将胶带缠绕在水壶上，而不是带1卷，这样不仅可以节约空间，还可以减少重量。

缠了胶带的水壶

应急绷带

修理防水布上的漏洞

搭建帐篷时的绳索

手动泵过滤系统

有些厂家已经打造了一些神奇的手动过滤系统，便于放在背包，以满足户外爱好者对更小、更轻的滤水装置的需求。其中最受欢迎的就是手动泵过滤器。它们非常高效且耐用，只是对于逃生背包而言，价格有点贵，在80 ~ 300美元的范围。在我自己的BOB里，有一个Katadyn徒步专用款的，价格大约80美元。

这个泵过滤器和易拉罐差不多大小，重量大约11盎司，一分钟可以过滤一升水，出水几乎和水龙头一样快。这东西耐用、使用简单，非常适合BOB。其他的厂商也生产许多类似的产品。

优点：

速度快 —— 每分钟最快一升水

不需要技术和经验

可以去除隐孢子虫和贾第鞭毛虫之类的寄生虫

带有多功能吸管

缺点：

占用空间大

价格贵，高于80美元

泵过滤系统

Katadyn牌MyBottle过滤器

一旦损坏，就没用了

大部分产品无法滤除病毒

集成式过滤水壶

有些厂家推出集水壶与过滤器于一体的滤水系统。你可以用它装不知道是否干净的水，通过内置的过滤器和化学处理系统，你就能直接喝到净化后的饮用水。这些也是非常适合逃生背包的。

优点：

不需要任何技术和经验

可以去除隐孢子虫和贾第鞭毛虫之类的寄生虫

可以当作你的三种储水容器的一种

缺点：

贵，超过45美元

吸管过滤器

通常也被叫作“求生吸管”，顾名思义，就是带过滤器的吸管。这

求生小贴士

有一些淡水是不需要净化的。

1. 雪：将雪放进容器里面，用体温或者火将其融化。

2. 雨：用防水布、雨衣或垃圾袋将雨水收集至容器内。

3. 露水：用衣服或者手帕吸取清晨的露水，然后将其挤到容器中。

4. 藤本植物：大型藤本植物可以储存水分。朝着根部斜切一个口，让水滴到容器中。在美国，葡萄藤是最好的选择。要注意避开那些渗出乳白色、浑浊或者强烈异味的藤本植物。

5. 树木：在春天，枫树和桦树可以挖出可以饮用的液体。在树上挖出一个V形的缺口，然后用小棍子或者树叶将汁液引流到容器中。

东西价格便宜(大约15美元)，重量轻，体积小，效果好。

优点:

不需要任何技术和经验

可以去除隐孢子虫和贾第鞭毛虫之类的寄生虫

重量轻，体积小

廉价

多功能用品：橡胶管

三星级☆☆☆

随手泵过滤器套装附赠的橡胶管也可以用作燃料虹吸管、应急止血带，或者难以接近的水源的长吸管。

充当吸管，获取空树木中的水分

当作燃料虹吸管

应急止血带

使用中的 Aquamira Frontier 过滤器

缺点：

最多过滤20加仑①

大多数不能去除病毒

化学处理药片

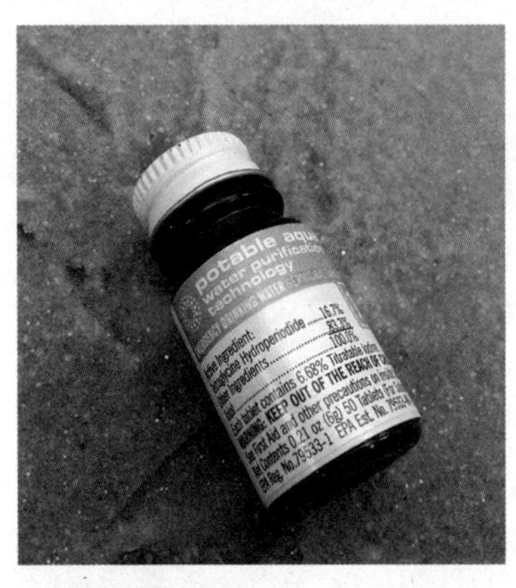

高碘甘氨酸净水药片

化学处理药片很轻，几乎不占BOB的空间，且价格便宜，几乎任何一家户外用品店都能买到。它有这么多优点，没有理由不在背包里放几片。

虽然不同品牌的化学处理品各不相同，通常一片化学品可以处理大约一升水。净化处理的时间从半小时到4小时不等。你也可以打一瓶水，扔一片化学处理药片进去，然后继续走路，让它自行净化。对于极简主义的背包客，这是极好的水净化备用方案。若是保存得当，保质期可以很长。

优点：

不需要任何技能和经验

如果按照说明书正确操作，效果很好

轻而小

便宜

缺点：

水必须清澈——浑浊的或脏水会影响效果

储存太久会过期

---

① 加仑，英美度量衡的容量单位，又分为英制加仑和美制加仑。此处为美制，1美制加仑约为3.78升。

求生小贴士

含有漂浮颗粒及碎屑的水应该先进行预过滤，再用上述的过滤系统进行过滤。在你的 BOB 中，如下几种可以充当“多功能粗水过滤器”：

1. 方巾
2. 袜子
3. 防尘口罩

将方巾用作粗水预过滤器

3.3 滤水器和净水器

很多人会把这两个词混用，其实是两种完全不同的东西。滤水器，顾名思义，是把水中的固体物过滤掉，大多数滤水器可以有效去除细菌和原生动物囊虫之类的危害。但是，大多数滤水器不能去除病毒。对付病毒，最好用化学或紫外线方法杀灭。有些多合一的净水器同时包括滤水和化学处理系统。在美国和加拿大，水生病毒的威胁并不严重，一个0.2到0.3微米的过滤器就足够。若是在第三世界国家，还是建议用组合型的净水器。

3.4 小结

在水方面，我的背包里有足够的备份方案。除了3升纯净水，我还有一个泵式滤水器，一条生存吸管，以及净化药片。若是需要，我还可以用金属水壶或锅来烧开水。我曾因为喝了户外的脏水而生病，那是今生最糟糕的经历之一。我建议你的 BOB 里至少要有两套净水方案。你可以参照附录中的有关水和净水的自查表格。

常见灾难应对思路　如果你住在容易发生热浪和干旱的地带，要考虑带3升以上的饮用淡水，再带一张标有本地水道和水体的地图。

第四章

食物与炊具

对于72小时的BOB，食物并非最先需要考虑的。即便不吃任何食物，人也可以活三周。但是，一旦你消耗的热量超过摄入量，会出现头晕、乏力、虚弱、思维迟钝之类的不良后果。求生时刻，你要头脑灵光、身强力壮、胸有成竹。人体是靠卡路里当燃料的发动机，肉体和精神的持久，都需要补充卡路里。至于一日三餐、均衡搭配之类，就不要奢望了，这是求生的三天，而不是三天的度假或驾车露营。

◆ 4.1 逃生食品

开袋即食

最适合作为逃生食物的，是“即食”食品。放在背包里的食物应该是方便的，最好是打开就可以吃，而无须加工烹饪，既节省时间，也节省燃料。

长保质期

紧急时刻，别惦记什么有机新鲜食谱，那是太平日子吃的。逃生时刻应该携带保质期长的食物。记住一点：你的逃生背包是事先准备的，这些东西应该在几个月后依然没坏。逃生背包里的食物，要选可以存放6个月的。否则你就得经常检查和更换食物。

轻

食物要轻，容易装包。你会需要靠脚走路，所以食物要简单。我跟学生说：要遵循KISS原则（Keep It Simple, Stupid），简单化，傻瓜化。

食物要有牢固的防水包装，或放在可以重新封口的密封袋。既可以避免食物被污染，也避免食物撒到背包里。有时候，重量比口味重要。

碳水化合物 + 热量

逃生比节食减肥重要，别斤斤计较卡路里。要选高碳水、高能量的食物，我们的细胞和肌肉，要靠碳水化合物当燃料。碳水化合物会转化为糖，人体将其燃烧为能量。肉体和精神的强健，都得靠这种“燃料”。麦片、谷物、意大利面、米饭，都富含碳水化合物。

高热量食物也是重要的。热量 = 能量。身体需要热量（能量）维持生命机能。肉干和坚果，这两种都是不错的高热量食物。

◆ 4.2 特别推荐的 BOB 食物

军用即食口粮（MRE[①]）

士兵在前线经常分到即食口粮。这些口粮基本上是完整的套餐，通常包括主菜、调味包、大块饼干、小甜点，以及加水发热的化学加热源。外层包装通常也是加热时的容器。这些食物套餐久经实地验证，是非常可靠、营养丰富的 BOB 食品。在本章列出的诸多食物中，它们是热量最高的，通常一餐的总热量超过1000卡。政府限制军品销售，但是你依然可以在陆军 / 海军的军品店或武器展销会上买到。更方便的选择是购买那些“商品”或“民品”即食口粮，它们和军用版的差不多，也是由那些给军队直接供货的军需品厂家生产的。我不建议你在 eBay[②]上网购 MRE，因为那里各种山寨货，鉴别困难。下面是一些可以买得到民品即食套餐的声誉较好的 MRE 公司，你可以比较一下价格，自己选。

---

① Meal，Ready-to-Eat，简称 MRE。

② eBay，一个可让全球民众买卖物品的购物网站。

即食食品

即食（MRE）包装里的食物

这几家公司我都买过，从未出过问题。

MREdepot.com（销售来自多个厂家的MRE）

MRESTAR（美国著名MRE制造商）

AmeriQual（美国军用MRE承包商）

照片中，这些产品都是MRESTAR生产的：

8盎司（227克）主菜（比如扁豆、炖土豆、火腿）

2盎司（57克）水果干（比如香蕉、菠萝、木瓜）

2盎司（57克）什锦葡萄（比如葡萄干、花生、杏仁、葵花子）

2盎司（57克）甜饼干

混合饮料（比如加了维生素C的橙味饮料）

附件包（比如勺子、咖啡、糖、奶精、盐、胡椒、餐巾、湿巾）

优点：

极高的碳水化合物含量和热量

结实、防水的包装

备餐容易

袋中包含一餐全套

不需要额外的加热设备

必要时可以冷食

缺点：

价格贵，一餐超过8美元

对72小时BOB过于奢华浪费

笨重（0.45～0.68千克）

更适合超过72小时的长时间逃生

脱水露营餐/面条餐

大多数户外店都可以买到这些为背包客打造的脱水露营餐，网购也方便。种类繁多，味道出乎意料的好。脱水露营餐重量轻，保质期长，是适合逃生背包的好食品。这些食品很简朴，通常只有一道菜，而不是像MRE食品那样包含多种东西。

日式干拉面以及类似的泡面，也属于此类产品。虽然它们并非为背包客设计，但是面条餐和脱水露营餐非常相似，重量轻，便于携带，烹饪简单。价格方面，更是便宜到家，一袋大约只需要50美分。再加一点牛肉干，就是营养丰富的实用的逃生食品。

这些食物都是脱水的，所以你得给它们加点水，再搞点热源——

脱水野营餐

正在烹饪的拉面和牛肉干

比如生一堆火或搞个小炉子。有时候条件不允许，烧开水并不方便，那就用凉水泡一下，也能凑合着吃。

优点：

碳水化合物和热量足够——200 ~ 400卡路里

相对丰盛

重量轻，管用

缺点：

需要煮开水（费时间）才好吃

并非开袋即食

条状食品

能量条、糖果条、燕麦卷都是最适合边走边吃的迷你餐，品牌有上百种。只要抓上一大把，就够一个成年人三天的能量。它们或许不适合作为长期食品，但是作为短时间逃生食物毫无问题。这些条状食品都是高碳水、高糖分，体积小且重量轻，一条条塞在背包的小空隙，不像别的食物那么占地方。

它们价格也不贵，更重要的是无须烹饪，打开就能吃。

其他适合放在BOB的食物：大米、速食燕麦片、牛肉干、袋装金枪鱼、坚果

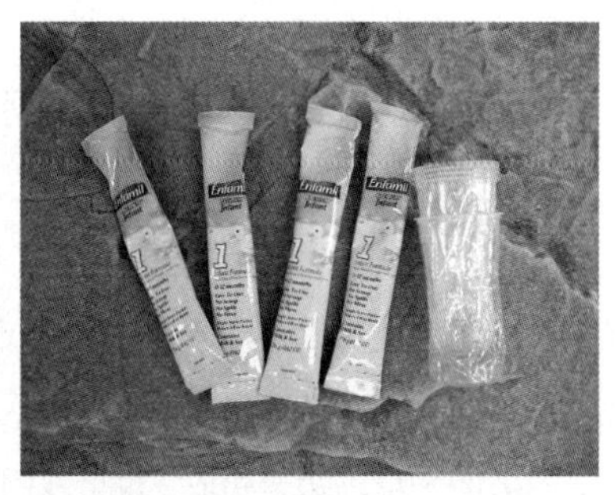

婴儿奶粉和一次性奶瓶

优点：

无须烹饪

碳水化合物和热量足够——200～400卡路里

轻而容易装包

可选种类多

小份包装

对于72小时逃生，能量条和糖果条只有优点，没啥缺点。

不得不提的其他选择

还有五种食品，虽然没必要单独分类，但是也可以作为逃生背包食品的补充。它们是：

大米

速食燕麦片

牛肉干

软包装金枪鱼

坚果仁

除了重量轻、便于包装，这些食物若是保存得当，保质期也够长。在营养和功能方面，它们各有优点。

大米虽然需要水来煮，但是碳水化合物含量高，饱腹感强，让你免受饥饿之苦。

速食燕麦片是一种极其健康又能吃饱的食品，有热水可以快速泡开，没热水也可以用凉水浸泡一会儿吃。若想摄取更多能量，可以选那些加了葡萄干、果仁和糖的燕麦片。

牛肉干可以边走边吃，也可以跟别的东西一起泡开了吃，比如拉面。

袋装金枪鱼无须烹饪，营养很好。金枪鱼也可以跟别的食物混着吃，比如意大利面。别买罐装的，要买软箔袋装的，因为更轻也更便于装包。

还有一种富含碳水化合物、无须烹饪、可以边走边吃的零食是果仁。你可以把罐装的果仁倒在密封袋里，以减少体积和重量。

◆ 4.3 孩童 / 婴儿食品

哺乳

对那些只能喝液体的婴儿，哺乳显然是最合适的。无须烹饪，无须加热，无须额外设备，就可以给婴儿喂奶，而且是最佳温度。若是不便哺乳，奶粉就是次最佳方案。

软包装的婴儿食物

脱水器

奶粉

现在很多厂家的奶粉都使用单独包装，防水，倒出奶粉很方便，泡奶粉也很简单。你可以把小包装奶粉和一次性的奶瓶内胆及奶嘴放在一起，这样既不需要携带笨重的容器，也不需要清洗。每样东西都很轻便、容易打包、容易准备。你的金属杯（下文还会提到）可以用来加热调配奶粉的水。别忘了带上奶瓶和套圈。

固体食物

婴儿若可以吃半固体的食物，你可以用这三种方法：

把你自己的食物弄碎，给婴儿吃。

袋装的婴儿食品。软箔包装的婴儿食品很好用，保质期也长（一年及以上）。

自制婴儿混合食品。你可以把蔬菜脱水，用食品搅拌机打碎成粉末，加点水泡开就可以给孩子吃。

◆ 4.4 特殊的饮食需求

本章前面部分未讨论特殊人群的饮食需求，但是这些人是有必要按照具体情况调整饮食的。这些人群可能包括过敏症、糖尿病或有心血管病的人。你和家人若是日常食谱需要遵从医嘱，BOB 食物也应该一样。

◆ 4.5 每年检查两次

BOB 背包中的食物，建议每年检查两次。无论保质期如何，我都会每年两次更换所有的食物。我通常在每年 11 月和 5 月更换背包中的衣服，同时更换食物。这样可以确保这些食物一直是可以吃的，而不是等到过了保质期造成浪费。在过期之前就将它们换掉，你可以拿这些临期食物练习逃生食物的烹饪方法。把检查衣物和食品的时间安排在一起，可以节省时间。

◆ 4.6 食物烹饪

即便你背包里的食物烹饪起来很简单，你也应该准备一件厨具。有了厨具，你可以在需要的时候烹饪更复杂的食物。即便是煮开水泡脱水食物，也得有烧水的工具。带上一个，总比需要时没有好。

◆ 4.7 BOB 厨具

金属锅

金属锅是救命工具。在大自然中，你根本找不到什么东西可以代替日常使用的普通金属锅。在日常生活中，人们已经习以为常。但是，一旦没有锅之类的工具，即便烧开水这种简单的事儿也会变得很难。煮开水毫无疑问是一种求生技能。虽然并非必要，我还是建议你选购专为露营准备的金属锅。这种锅的把手通常可以折叠或收拢，也很容易在户外用品店买到。这种专为露营准备的锅价格比较贵，你也可以用普通锅。我给您提几点建议：

尺寸：至少1升（若是大家庭，要用2升或更大的锅，这样不需要分好几次煮，节省烹饪时间，也节省燃料）。

把手：有了把手才便于操作。你若有多功能工具钳，也可以用钳子来凑合着代替把手。

不粘涂层：减少清洗麻烦。

你的背包里若没有煮开水的东西，只能说你还没准备好。

煮开水是一种净水方法，你的逃生食物若非即食食品，也得用煮开水来烹饪。

可选用的金属锅

用 Esbit 牌炉子烹饪食物

装在金属锅中的烹饪食材

大多数可以吃的野生植物最好放在锅里煮一下（这也是最简单的方法）。野外捕猎的动物、鱼类，也可以在锅里炖一下。炖汤可以让你吸收更多的营养——油、脂肪、汁液都不会浪费。如果用火烤，这些就会流失。一个小锅并不占用 BOB 背包很多空间，因为你可以把别的东西放在锅里，以提高空间利用率。

我个人喜欢把食物和各种烹饪工具放在锅里，作为“烹饪套装”。想吃饭的时候，拿出来就行。

金属杯

长期野外生存时，我经常用小金属杯。金属杯有锅的各种优点，更适合个人少量烹饪，清洗也容易。市场上有几种不同款式的杯子可选。速食燕麦片是非常好的“金属杯餐”，只要烧开杯中水，倒入燕麦片就可以。若是在寒冷天气中逃生，用金属杯泡茶泡咖啡，可以帮你暖身体。

可选用的金属杯

Nalgene 牌水壶，套上从 gsioutdoors.com 上购买的 Glacier 牌水壶杯

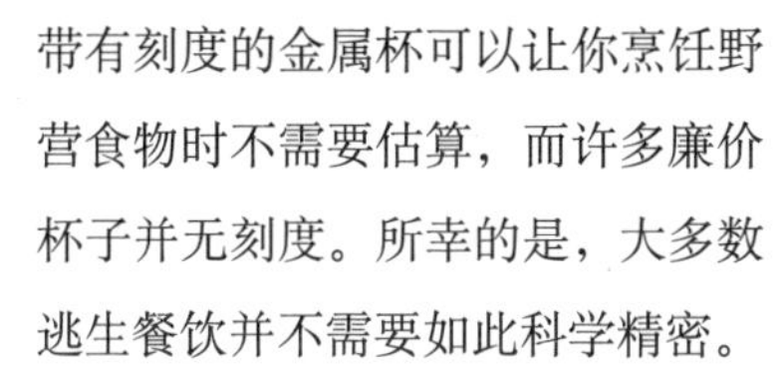

带有刻度的金属杯可以让你烹饪野营食物时不需要估算，而许多廉价杯子并无刻度。所幸的是，大多数逃生餐饮并不需要如此科学精密。

选那种刚好可以套在储水容器底部的杯子，就像照片中那样，杯子和水放在一起可以节省宝贵的空间。以我的经验，照片中的两种金属杯都不错。

从 Canteenshop.com 上购买的水壶和水壶杯

餐具

选餐具要讲究，别到快餐厅拿一大堆廉价塑料勺和塑料叉套装。这些玩意儿承受不起户外烹饪的严峻任务。你得选耐热材料做的，比如金属或聚碳酸酯，在户外用品店和网店都可以买到。为了减少体

聚碳酸酯叉勺、钛叉勺

积，你可以和幼童、婴儿共用一套，无须额外携带。生存刀（在第十章讨论）可以兼菜刀，你背包中的生存刀在烹饪中会大有用途。

◆ 4.8 辅助工具

开罐器

即使你背包中不带罐头，也建议你带个小巧轻便的手动开罐器，这样就可以快捷轻松对付任何罐头食品。你可以从附近的陆军／海军军品店买个军用的P－38开罐器，价格大约50美分，比普通房门钥匙还小，我在钥匙圈上挂一个当日常随身携带品（EDC）。

求生小贴士

如果你的预算有限的话，可以用咖啡罐加一个金属的提手来代替BOB中的金属锅。

临时的咖啡罐锅

p－38军用开罐器

松果锅刷

洗锅用品

厨具干净，才是卫生健康。脏兮兮的厨具若是放在背包里，食物残渣会弄脏背包，气味会吸引昆虫。食物的气味还会引来动物，尤其是晚上。到杂货店买一小块刷锅海绵，切掉一半以减少重量和尺寸（远距离时，一点点重量都是额外负担）。一小块普通肥皂就可以清洗（细节将在第九章讨论）。松果也是一种不错的纯天然锅刷。

◆ 4.9 热源

想要煮开水或做一顿热饭，你需要一个热源（MRE 之类的化学式加水自热食品除外）。你的热源要符合这些条件：

重量轻

使用简单

小巧

效率高

在热源方面，有很多种适合 BOB 的选择，下面我列出最适合的三种：

打开的 Esbit 牌的炉子

关闭的 Esbit 牌的炉子

火

逃生途中，火是最重要的生存资源之一。本书后面还会以整章的篇幅来讨论火。火是人类最古老的热源，是烹饪和加热食物、煮开水的好办法。火很轻 —— 轻到只有点火工具（后面还会讨论到）的重量。但是火并非一按开关就可以做饭的东西。你不能像别的加热方法那样从背包里拿出来打开就可以用。生火需要练习和技巧。逃生途中，火并非最方便的加热方法。若是环境潮湿或缺乏燃料，点火和持续燃烧几乎不可能。即便条件不错，生火做饭煮开水也是有难度的。火还可能暴露你所在的位置。所以有时候用不易被人发现的热源更有利。即便如此，生火依然是逃生热源最重要的方案。

优点：

重量轻（主要靠技术）

效果好

燃料资源丰富 —— 无论是家具，还是松果都可以

最省钱

缺点：

需要练习和技巧

现场要找得到足够多的燃料

受环境和条件影响

由于生火的难度和缺点，你应该在 BOB 背包中再准备另外的热源。

固体燃料片炉

最流行的固体燃料炉是 Esbit 炉。这种小型折叠炉是德国设计，已经被世界各国的军队用了数十年。Esbit 炉子可以折叠成一副扑克牌那

么小，重量只有几盎司。折叠炉中可以存放几片燃料片。

Esbit（或类似的）固体燃料片可以烧8～20分钟。燃料片可以用嘴吹熄灭，剩余部分下次再用。燃料片也很容易点燃。固体燃料炉适合小型锅或一杯子分量的食物。一般情况下，这些炉子烧开半升水只需要几分钟。你当然也可以用树枝和松果塞到折叠炉里烧，虽然效果不如固体燃料。

最近一次历时四天的背包旅行中，我就是用树枝和松果之类的天然燃料在Esbit折叠炉上煮开水，还做了八顿饭。天然燃料并不好用，但是如果你的燃料片用完了，它们也是很不错的代替燃料。

类似的折叠炉你可以在户外用品实体店、陆军／海军的军品店买，也可以网购。它们烧的都是固体燃料片，只是化学配方不同。不同的固体燃料片都可以互换。

一个Esbit炉加上六片燃料片的套装价格大约是10美元。你也可以额外在Campmor.com上买到12片一包的固体燃料，仅需5.99美元左右。最近我对自己的BOB进行减负，把以前使用的圆筒炉（后面会介绍到）用Esbit折叠炉代替。如果你也决定用固体燃料系统，我建议每两个成年人准备6片燃料。这种小炉子对于大家庭或团体成员并不方便，

组装好的水壶烹饪套装

搭建好的，采用固体燃料片的水壶烹饪套装

除非你带好几套炉子和锅。

CanteenShop.com 的“水壶烹饪系统”也很不错。其独特之处是炉子可以和标准的军用水壶杯完美组合，水壶杯还可以和标准军用水壶套在一起。这就构成了非常适合 BOB 的紧凑型烹饪系统。

这是一个装水容器、金属烹饪杯、可用多种燃料的炉子的三合一套装。

优点：

重量轻，体积小

使用方便，点火容易

一片燃料可以燃烧8分钟

炉子可以使用固体燃料或天然燃料

便宜

缺点：

不适合人数多的大家庭

压力气炉

预增压燃料罐炉

预增压气罐的气炉品牌繁多，价格各异。它们使用方便，只要不是极其寒冷，基本上可以在各种环境下正常使用。低温下可能会气压不足，但是只要你放在衣服里面暖几分钟，压力就可以回升到正常工作水平。

燃料装在一个自密封的压力小罐中，炉头直接用螺纹连接。拧上炉头，往“开”的方向转动旋钮，点火，然后就可以烧水做饭了。你可以把这个炉子看作迷你版的燃气烧烤架。

一罐气体可以烧30分钟或更长时间，具体时间取决于罐的容积。2

安装在增压燃料罐上面的 MSR Superfly

在 ForgeSurvivalSupply.com 上购买的 MSR WhisperLite 炉子

罐就足以满足72小时的逃生需求。这种气罐炉虽然很流行、很高效、使用起来很简单，但是在我看来，它是逃生背包最后的选择，因为太依赖于店里买来的气罐，一旦气用完了，就完蛋了。

多燃料液体气炉

多燃料液体气炉需要用手动气泵给它里面的液体打气增压。外带可弯曲管子的燃烧器，液体变成蒸汽，在燃烧器里面燃烧。这种炉子的优点是可以烧各种不同的燃料，比如无铅汽油、普通汽油、煤油、喷气燃料。相比气罐，这种加热方案更灵活，因为只要搞得到液体燃料，你就可以自己加油。由于有这样的通用性，这种炉子无疑是BOB很实用的加热方案。多燃料液体汽化炉在各种气温下都可以使用，因为你通过手动气筒给它打气加压了。

优点：

便于使用

烧开水高效（4分钟左右烧开1升水）

手动打气方式可以使用各种液体燃料

适合较多人的烹饪

求生小贴士

预算紧张？你可以用咖啡罐来制作“流浪汉”炉子。这种炉子很容易收集燃料，如小木棍和松果。只需要去掉咖啡罐的底部，沿着侧面开一个4英寸 × 4英寸的口子，然后围绕罐体的底部和顶部均开5个直径为1英寸的洞，再在顶部开5～10个1英寸的洞，就可以形成烧烤或烹饪架子。在炉子里面生火，通过4英寸 × 4英寸的开口加燃料。你会发现炉子的使用效果好得出人意料！

流浪汉式逃生炉

缺点：

价格贵，40美元以上（不包括燃料）

完全依赖于液体燃料／气罐

燃料笨重

炉头容易损坏

◆ 4.10 小结

如果带的是脱水食物，除了生火之外，还得再准备一套加热方案。如果某种食物光靠热水无法烹饪，那就别放到背包里。太复杂的东西都是浪费你的时间、资源和能量。

常见灾难应对思路　如果你住在一个容易发生热浪、旱灾或火灾的地方，那么就要根据实际情况准备生火或烹饪的用具。同时，要在任何有明火的周围0.9米左右的泥土周边且清除周围可燃物。

第五章
衣物

失温是户外头号杀手。按照定义，失温是指人体核心部位的温度降低到危险程度。暴露在低温环境下会引起失温，风与水会加重失温。失温会引起心跳和呼吸衰竭，最终导致死亡。若准备不足，低温、风、潮湿三者同时作用就是致命威胁。

与失温相反的是高热。体温过高也是户外杀手。如果人体核心部位温度升高到危险程度，就会发生高热，若不能得到及时治疗，会很快导致衰竭甚至死亡。

对抗炎热或严寒的第一道防线，是适当的穿着。灾后逃生，尤其是徒步时，更容易暴露于恶劣环境。因此衣物是逃生供给的主要类别。衣物并无激动人心之处，但是它很重要。儿童和老人更容易受严寒酷暑伤害，要对他们的衣物特别注意。本章将讨论逃生衣物的注意事项和基本准则。

5.1 与天气相适应

你若住在明尼苏达北部，你的穿着显然跟住在佛罗里达南边的人截然不同。世界上有太多气候不同的地区，所以衣物在某种程度上属于因人而异的自备品类。穿衣服还是得有点常识的。我的做法是每年两次更换逃生背包里的衣服，11月换成冬装，5月换成春夏装。如果你住的地方四季分明，建议你也用类似的办法检查/更换衣服。灾难来临的时候，你没有时间考虑该带什么衣物。

5.2 衣物的性能要求

逃生衣物第一戒律：远离棉布。在所有种类的布料中，棉布可能是最不适合求生的。棉布正如海绵——吸水强大、很难干燥，又很笨重。

在求生环境中，你要选不吸水、速干的布料。在气温较低时，这点尤其重要。最好的求生布料是羊毛和混纺羊毛、抓绒、尼龙、聚酯类材料。

下面简要列出逃生衣物应该具备的特点：

速干

排湿

耐用

有弹性

宽松

颜色暗（如果你需要隐藏）

◆ 5.3 逃生衣物准则

逃生时你应该准备这样两套衣服——一套穿在身上，另一套放在背包里。每套包括衬衣、长裤、袜子（另有三双备用）、内衣。

其他衣物，比如外套、手套、帽子，只需要一件即可。多备一套衣物是必要的，因为衣物被身体油脂、污垢、尘土弄脏，会失去保暖性能，透气性也会变差，这些都会影响布料的性能。

适合全天候的 BOB 衣物

轻质长袖衬衫

无论什么季节，全面覆盖可以保护你的身体免于天气和昆虫的伤害。

中等重量的抓绒衣

抓绒轻而便于携带，任何天气都可以带一件。即便是温暖天气，一件中等厚度的抓绒也可以防备夜间寒冷。

排湿（速干）短袖

排湿，指把身体表面的水分吸走，快速蒸发。排湿布料轻而速干，可以有效调节体温。

备用衣服：衬衫、裤子、袜子、内衣

弹性好的长裤

不要穿牛仔裤！粗斜纹棉布做的牛仔裤一旦打湿，就是你最糟糕的敌人。我最喜欢的是轻质羊毛混纺，或聚酯尼龙混纺。

奔尼丛林帽

轻质可以压扁的有檐帽

这种帽子可以保护你的头和脸免受日晒、风吹、雨淋，关键时刻甚至可以救命。若是保护不好，严重晒伤也会变成危险的医疗问题。我最近组织了一场印第安纳州的120英里独木舟旅行，一个同伴就因为脸部非常严重的起泡型晒伤而不得不中途退出。他若是戴个奔尼帽，或许就可以避免发生这种事。

◆ 5.4 保护你的脚

对脚的保护，无论如何强调都不过分。你若徒步逃生，脚就是你唯一的交通工具。脚若坏了无法走路，你的逃生之旅也就结束了，从此寸步难行。你照顾好你的脚，脚也会照顾你。

羊毛袜子

为了确保我的双脚得到妥善保护，我在背包里放了三双羊毛徒步袜。别带其他材料做的袜子！ 羊毛天然就有透气功能，可以让空气更好流通，避免双脚起泡。长时间徒步可能穿坏袜子，恶劣环境中羊毛是很好的材料，因为它结实又有弹性。我喜欢的品牌是 SmartWool，虽然价格有点小贵，但是每分钱都花得值。下面我列出 SmartWool 牌袜子的一些优点：

采用顶级、防痒的美利奴羊毛

混合了弹性纤维和尼龙，更好保持形状，耐磨、耐洗不变形

美利奴羊毛有调节温度、湿度的作用，减少脚臭

你有了备用袜子，就可以在脚湿的时候（无论是出汗还是进水）换袜子穿。换下来的袜子，你可以贴身放置，或在背包外面晾干。我在背包外面外挂了个登山扣夹子，专门干这个用。

羊毛袜

挂在登山钩上的羊毛袜

徒步鞋

你应该买一双耐用、防水的低帮徒步鞋。各种牌子和款式的都可以。日常你不需要塞进 BOB 背包，但是要放在背包边上，一旦需要逃生，穿上就走。先磨合一下，别在逃生的时候穿新鞋子，因为你需要背20 ~ 30磅的背包。你的徒步鞋一定要先穿一段时间，经过实际试穿，确认它够舒适。

低帮登山靴

◆ 5.5 寒冷天气的必需品

严寒天气逃生，那是雪上加霜。2011年日本东北的地震和海啸，迫使成千上万的民众在寒冷季节逃难，许多人只能带着能随身携带的有限物资逃到荒山野岭。

在理想情况下，你在寒冬逃生，应该尽可能穿上下面列表中的衣物。

你并不需要把它们常年存放在 BOB 中。

保暖的关键是封层穿法，而不是穿上一件厚重的连帽大衣或防寒服就可以。分层可以带来极好的保暖效果，因为在多层衣服之间打造了封闭的空气层，热量就被锁在空气层中。分层穿衣还可以让你在需要的时候加一件或脱一件，以控制身体温度。用下面介绍的分层穿衣法，我在低于10 ℉温度（零下12℃）过了一些日子。

外套

你最外层的衣服，就是你的外套。外套对于寒冷天气下的分层穿着很重要。它有两个基本功能：

挡风

防雨

即便是不太寒冷的天气，风雨也会让人失温。所以防风挡雨对于保护身体很重要，而这就要靠你的外套。这是保护层，而不是隔热层，所以你的外套不应该太大太重。外套可以是防水的雨衣，记住选用带帽子

外套

300克重的厚抓绒衣

The North Face 牌面罩

雨披

的款式。大部分情况下，你只需要上半身的遮盖，只有极端情况下，才需要穿外裤。这要看你住在什么地方。

厚抓绒衣（300克/平方米规格的抓绒衣）或羊毛衫

在外套下面，是一件300克抓绒衣。这是上半身保温层，低温环境下尤其重要。抓绒的结构可以把空气锁在纤维之间，具有极好的保温性能。一件较厚的羊毛衫也是很好的选择。羊毛无疑是地球上最好的求生衣料，虽然它最大的缺点是笨重。

中等重量的抓绒（200克/平方米规格的抓绒衣）

在300克抓绒衣下面，是一件200克的抓绒衣，这也是上身保温层。中等重量的抓绒是最常见的规格，在温和天气，它可以当外套穿，当然也很适合当中间层。这一层是我在寒冷天气冒险时最常脱掉的一层。一旦你开始流汗，就得脱掉某些层，以减少运动负荷。汗水进入你的衣服是致命的，因为低温加上湿透的衣服，很容易失温。

轻质速干的内衣

内衣是紧贴你皮肤的那层衣服。在寒冷季节，我会上身和下身都穿。内衣的功能是锁住热量。要选那种有排汗编织结构的类型，可以把你身体表面的水分迅速挪走。面料要透气，有弹性，舒适。不要穿让你发痒的内衣。因此我不建议你穿普通羊毛面料的内衣。这种衣服应该选贴身的，而不是松松垮垮的。

◆ 5.6 其他在寒冷天气中适用的衣物

羊毛或抓绒帽

通过你头部流失的热量，可能高达你全身的30%。头部保暖很重要。极端情况下，你可以选择“打劫帽”[1]来保护头部和颈部。

保暖手套

极端天气下要防止生冻疮。背包里应该有一双保暖手套，或冬季逃生时戴在手上。求生情况下，你用手指和双手的能力至关重要。几乎所有的求生活动都需要双手灵巧——使用刀子、点火、打结、做饭、急救等等。寒冷天气是影响双手灵巧的大敌——戴上手套！我背包里放的是一双纯羊毛手套，是我在陆军/海军用品店里花5.99美元买的。

◆ 5.7 雨披

一件轻质的军用款雨披，是极具逃生价值的物品。以我之见，若选逃生十大重要物品，雨披必不可少。虽然雨披材质不同，款式各异，最常见的还是防水的尼龙格子布。这种材质让雨衣可以重量轻，又容易压拢——非常适合BOB。这些雨衣帽子有抽绳，边角还有金属扣眼。这些扣眼带来更多的用途。利用这些扣眼，找几条绳子，发挥你的创意，就可以把这些军用款雨衣当作快捷实用的求生帐篷。

---

① 巴拉克拉法帽，一种几乎完全围住头和脖子，仅露双眼的帽子。

多功能用品：雨披

五星级☆☆☆☆☆

军用雨披也可以作为应急求生帐篷，以下是我使用过的三种方式：

雨披帐篷

雨披屋脊单坡帐篷

雨披对角单坡帐篷

◆ 5.8 耐用的工作手套

一旦灾难摧毁了电网，许多事情你都得靠双手去做。搭帐篷，收集柴火，都得自己干。灾难时刻，你的双手是最重要的工具，所以要好好保护。你应该在 BOB 中放一双结实的劳保皮手套。在五金店，几美元就可以买一双。别等到干体力活磨出水泡才想买双新手套。

◆ 5.9 阿拉伯头巾（shemagh）

阿拉伯头巾（shemagh）的读音是 schemahhg，这是一种大方巾。在世界各地的沙漠地区，人们普遍用它来保护面部，以防护阳光、大风和沙尘。在中东服役的美军和英军也普遍使用着这种头巾。阿拉伯头巾不仅保护头脸，它可能是我拥有过的功能最多的求生用品，用途高达上百种。这是加入 BOB 背包的好宝贝。你可以在许多陆军 / 海军军品店买到，在 www.willowhavenoutdoor.com 上还有许多不同配色可选。

◆ 5.10 小结

你若想要在极端条件生存，就必须进行周密的准备和规划。选择衣物，要根据常识和周边环境，若是你所在地区四季分明，就必须每年至少更换一次 BOB 里面的衣物。

多功能用品：阿拉伯头巾　　五星级☆☆☆☆☆

这种大方巾与那种花色丝质的手帕很相似，但要更大一些（约 40 英寸 × 40 英寸）。它在求生中有上百种用途，例如：

当作绳索搭三脚架

保护面部和头部

急救手臂吊带

多功能用品：阿拉伯方巾挎包

只要稍加折叠和翻卷，方巾还可以变成一个临时的挎包，以便携带更多的物资。

制作临时挎包：第1步

制作临时挎包：第2步

制作临时挎包：第3步

常见灾难应对思路　如果你所在地区冬天容易有暴风雪，要考虑带上雪地靴。若是徒步，大降雪可能让你寸步难行。

第六章

庇护所和寝具

对逃生背包而言，什么样的庇护系统才是最好的，这个话题在求生圈子一直争论不休。每个人都有自己的观点和偏好。从防水布到吊床，什么方案都有。

逃生庇护所必须轻便且容易携带，这两点是你首先要考虑的。庇护系统要经得起极端气候的实际考验，防护风、雨、日晒、雪，都是必需的。庇护所要容易快速搭建 —— 即便在光线不好的时候。庇护所还应该不依赖于特殊的条件支持，比如说吊床，就得靠两边都有结实的固定点 —— 树木，或别的固定物体。由于这个原因，吊床不符合我对逃生背包的选择标准，虽然我在丛林里也很喜欢睡吊床。

正如我上面说的，庇护所的选择是一个极具争论性的话题，按照我本人的经验，本章介绍两种我认为最适合 BOB 的庇护所。

吊床

◆ 6.1 BOB 庇护所之一：防水布庇护所[①]

防水布是一种非常好的求生物品，可以用于搭建各种结构的庇护所。许多厂家都有不同大小和材质的防水布，其中有些更适合于 BOB。

别去超市和五金店买那种很厚的蓝色聚丙烯防水布。虽然便宜，但除了便宜一无是处。这种防雨布重、笨，还会发出噪声。

如果你选择防雨布庇护所，就得选专为野营和背包徒步设计的轻质尼龙防水布。这种材料更适合于 BOB。它们薄、防水、耐用、使用起来安静。一个8英尺 × 10英尺（2.4米 × 3米）的防雨布足够打造单人或双人庇护所，2 ~ 4人的庇护所要选更大点的，比如10英尺 × 12英尺（3米 × 3.6米）。

许多资深的生存和户外爱好者偏好防水布庇护所，就因为它简单。虽然简单，也可以搭建出不同的样式。只要有足够的实践经验，防水布庇护所也可以跟店里买的帐篷具有同样的防护功能。下面介绍四种非常普遍的防水布庇护所，这几种搭建方式都需要足够的绳子拉展固定（将在第十四章讨论）。

单坡天幕帐

单坡结构是所有方案中最基础的一种，一般只适合春夏秋三季，并不适合极端寒冷的环境。它只是在你头顶放一个屋顶，以遮挡雨、露、雪、风。若想有好效果，你要把斜坡面正对着风向。如果你能确定风的主要方向，这种方法可以大大减少被风吹倒的程度，也可以避免像帆那样兜住风，还可以避免风把雨雪从开口的一边吹进来。从效率的角度讲，这种庇护所对热能的利用挺好。在庇护所前面点火，热量会被反射到你睡觉的区域，最大限度给你温暖。若想进一步减少暴露面积，可以紧靠

① 国内驴友经常把防水布庇护所称为“天幕”。

基础单坡防水布庇护所

屋脊式单坡防水布庇护所

着某些大型物体搭建，比如大石头、土堆、倒下的树。

屋脊式单坡天幕帐

这种方案与基本的单坡结构类似，只是加了一条屋脊线，让你可以调节正面的角度，进一步减少暴露的面积。屋脊线可以是一根杆，也可以是一根拉紧的线。基本单坡结构的一些基本原则，也适用于这种庇护所。

你可以搭建一个屋脊在正中间、高悬在头顶的天幕。由于没有侧面的保护，这种结构适合在温暖的天气使用，这也是遮蔽吊床的好办法。

顶部中央屋脊天篷

带有中央屋脊的防水布庇护所

天幕帐篷（A 形帐）

这种方式适合风雨交加的天气。结构与中间屋脊的天幕类似，不同之处是它直接接触地面。由于结构原因，它“里面”空间有限。睡觉的区域很狭小，严寒季节，保温是主要任务，这时候狭小也是一个优点。

对角天幕帐

防水布的一个角固定在树上或柱子上，另三个角固定在地面，这就是一个对角天幕帐。这办法可以打造一个保护性非常好的区域。如果在背面中间加一条拉绳，就可以扩大头部的活动空间。若是固定在大树上，可以减少前面开口处的暴露范围。

对角单坡（斜置）庇护所

◆ 6.2 深入探讨防水布庇护所

缺点

防水布做 BOB 的庇护设备有三方面的缺点：

1．搭建一个管用的防水布庇护所，需要足够的经验和技巧。若是搭建不好，防水布庇护所本身就是个灾难。你需要掌握绳结技巧，多多练习搭建，才能做好。

2．诸多防水布庇护所，都至少有一个面是开放的，这会让蚊子和其他叮人的虫子进来，在你睡觉的时候饱餐一顿。要应对这些虫子，请看第八章的“防虫”内容。

3．防水布庇护所只有一层，至少一面开口，只适合春夏秋三季使用。在极冷的天气，若是没有一堆旺火，或者寝具保暖不够，那就相当危险。

固定系带和绳子

如果你打算用防水布庇护所，买防水布的时候要确认边上有金属扣眼，或者加强的固定系带。

要把防水布做成庇护所，必须得有足够的附件，尤其重要的是绳

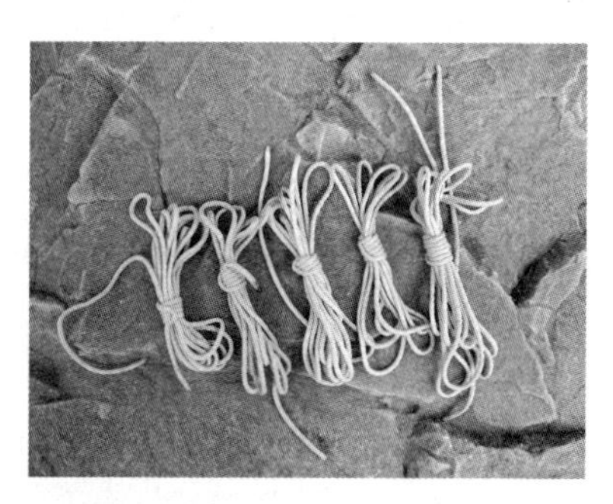

约15米长的降落伞绳索

加固的带子

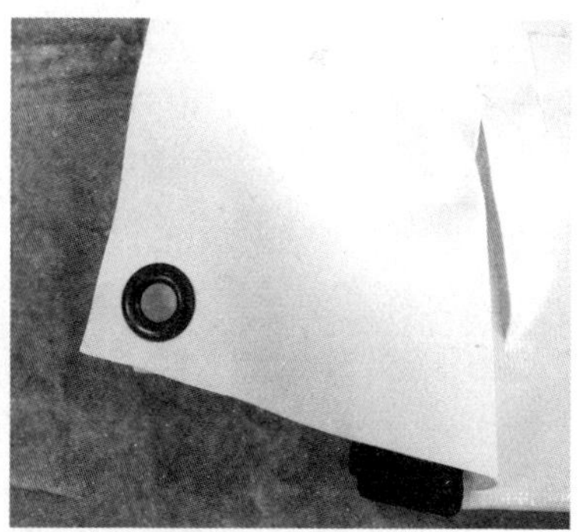

带有金属扣眼的边角

子。我建议 BOB 背包里至少放50英尺。最适合的绳子，是550伞绳[1]。在第十四章，我还会详细介绍原因。

防水布庇护所总结

无论你是否认为防水布是 BOB 庇护所的合适选择，你都应该考虑放一块在背包里。它是那样轻，折叠后又很小。只需要增加一点点重量，却给你巨大的生存回报，有什么理由不带呢？

◆ 6.3 防水布的多种用途

背包体积有限，只能带有限物资。有多种功能的物品，就特别值。轻而不透水的防水布，就是这样一种多用物资。除了搭建庇护所，还有其他诸多用途。它真的太超值了。下面我就介绍一些防水布在逃生中的生存用途。

接雨水

雨水有个优点：它无须净化。收集的雨水无须处理就可以直接喝，

用来收集雨水的防水布

铺在地上的防水布

① 伞绳按承受拉力分为“250”和“550”两种规格，即承受250磅和550磅拉力。

也可以用于清洁。在地上挖个洞，防水布下端放在洞里作为洞的内衬，防水布既是漏斗，也是容器。或者你也可以如图所示，把水导入另一个容器。

地布

保护身体免受湿冷地面侵害，正如保护身体免受恶劣天气伤害一样重要。即便你有世上最好的庇护所，你也不能睡在潮湿的地面。防水布是很好的地布，虽然不隔热，但是防潮。

求生小贴士

只需要经过一系列的折叠和翻卷，你就可以将防水布变成一个临时挎包，以便携带更多物资。

防水布临时挎包：第1步

防水布临时挎包：第2步

防水布临时挎包：第3步

应急担架

若是有人倒下，或者受伤，一块防水布加两根结实的杆子，就可以做个不错的应急担架。杆子从防水布两侧的边缘开始，绕上三到四次，抬人的时候就不会松开。

临时防水布吊床

应急急救担架

轻质的双人背包旅行帐篷

吊床

如果环境极度潮湿，或处于涝灾区和沼泽，你可能无法在地面睡觉。这种情况通常可以搭建一个平台，提升睡觉区域的高度，远离下面的水。另一种选择是用防水布代替吊床。在防水布的两个对角，各卷入一个高尔夫球那么大的石头或棍子，作为拴系固定点，就可以把防水布固定在两棵树上。我曾在倾盆大雨前用这“替代吊床”睡觉。我还可以把另外两个角盖在身上作保护。这就是一个蚕茧形状的防水布吊床。有些雨打到我的头和脚，但是这至少在当时比别的办法更好。

◆ 6.4 BOB 庇护所之二：帐篷庇护所

几乎所有帐篷厂家都有生产为轻装背包旅行设计的帐篷。对 BOB 而言，这些帐篷是极好的庇护所方案。背包旅行帐篷由轻质的防水布料和帐杆组成，有单人帐篷，也有家庭用的多人帐篷。帐篷让你在外面的时候依然有家的感觉。当你拉上拉链，就有了属于自己的私人空间。帐篷与防水布天幕比，你会感觉自己更安全，保护性能也更好。帐篷庇护所有很多优点：

不需要太多技巧就能搭建

即便在黑暗中，也容易搭建

非常实用的四季庇护所

更隐私

阻挡昆虫和其他生物

自带地布

对家庭而言更实用

选择帐篷的三个最重要方面，我称为“背包客三要素”：

价格

重量

占背包的空间

你对这三要素的权衡，以及最终的决策，和我或别的 BOB 准备者是不同的，我只能告诉你选择 BOB 帐篷的一些基本准则，至于你准备花多少钱、愿意带多少重量、给帐篷留多大的背包空间，完全由你自己决定。

帐篷庇护所准则

逃生团队中，每个成年人分摊到的帐篷重量不宜超过2磅（0.9千克）。如果你们有两个成年人，就可以带4磅（1.8千克），把帐篷部件分开来，装在两个 BOB 背包里。

选用适宜三季的帐篷，这种帐篷最通用。

拒绝华而不实，不要被各种酷炫（却增加重量）的额外部分诱惑，比如门厅、口袋、多出入口、阁楼等。你只需要一个庇护所，这不是家庭度假用的，你也无须和邻居攀比。

如果你的帐篷用钢质地钉，要换成较轻的铝地钉。

网孔板

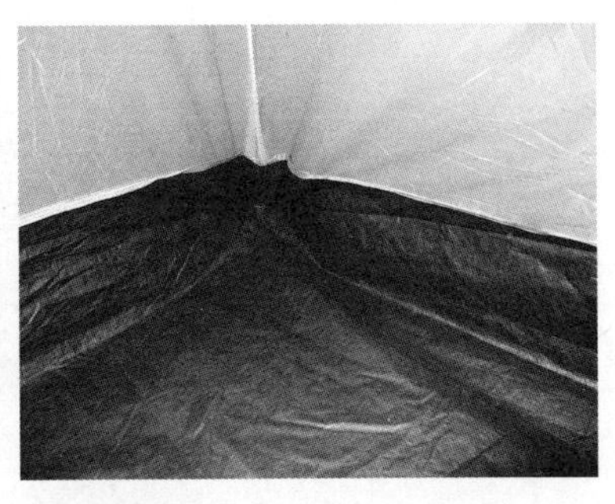

卫浴帐篷底部

如果帐篷顶是带有网眼的，一定要带上防水外帐。

“澡盆式”帐篷更好。帐篷底是由更厚的防水材料制成的，澡盆式帐篷的底部材料一直延伸到帐篷壁的7～12厘米的高度，有助于更好地防护地面水和雨水。

最轻的帐杆是铝杆。

选自立式帐篷。这类帐篷不需要树或固定点，也容易移动。

◆ 6.5 雨披庇护所

在第五章提到过，带有扣眼的军用雨衣可以凑合着当逃生庇护所。若是与防水布天幕搭配，还可以做地布用。雨衣防水性能很好。当我搭建雨衣庇护所时，我依然使用550伞绳做拉绳。

◆ 6.6 逃生寝具

庇护用具的最后一层防护，就是寝具。一个睡袋，加一个睡垫，这是不同季节都适用的寝具系统。

◆ 6.7 逃生睡袋

逃生睡袋与那些为轻装背包客设计的睡袋并无不同。选睡袋就像做一个填数字游戏，你得在诸多项目类别中选一个最佳选项。

温标

睡袋的温标，是睡袋大体上舒适的最低温度。比如说，一个标

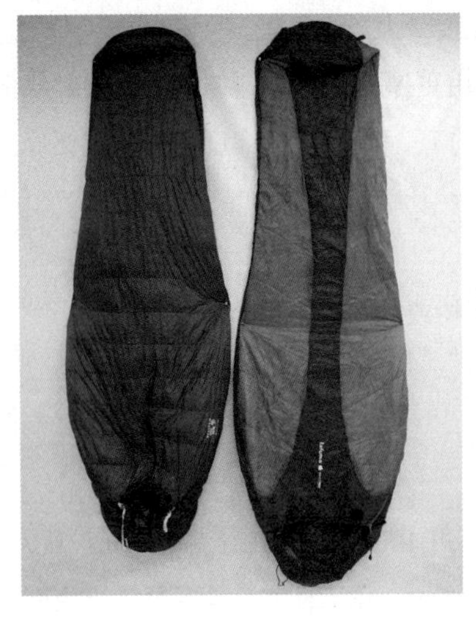
两个睡袋

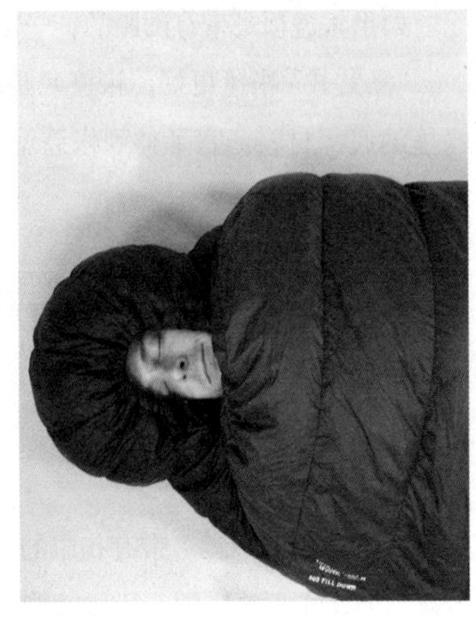
木乃伊帽

30 ℉的睡袋，应该让大多数人在温度低到30 ℉的时候感到舒适。你要根据周边环境选温标。适合全年使用的温标是30 ℉ ~ 40 ℉。虽然气候温暖时并无必要，但是它可以在寒冷天气给你安全。即便气温低到10 ℉，一个30 ℉的睡袋依然可以让你活命。虽然很遭罪，但是至少你会活着。记住，这不是自驾宿营 —— 这是灾难逃生。

选一个自带帽子的木乃伊式睡袋，这有助于保温。

睡袋的填充物通常是两种：羽绒或合成纤维。天然羽绒轻而容易压缩，但是价格较贵。合成纤维压缩性虽不如羽绒，但是让你花钱也少一点。两者性能相似，若是打湿了，效果都不太好。我更喜欢填充羽绒的睡袋。

重量

当你需要控制整个背包的重量，每一克重量都得计较。大家总是希望重量尽可能轻、温标尽可能低。尽量把睡袋重量保持在2 ~ 3磅

(0.9～1.4千克)的范围。再重一些，睡袋就显得太笨重。

尺寸

如果你的睡袋不带压缩袋，去买一个。压缩袋的作用，是把睡袋收拢、压缩为一个小包装。尺寸很重要，理想情况下，你的睡袋应该和一个甜瓜差不多大。

价格

人人都想买到物美价廉的睡袋。如果买全新睡袋，它可能是你逃生背包里最贵的物品之一。不要为了价格而牺牲质量和性能，好睡袋是可以用一辈子的投资。以后的日子里，你会经常用到它。你可以在 eBay 或 craigslist 网站找二手的逃生睡袋，我在这些网站买过许多轻微用过的露营和背包旅行装备，价格只有原价的几分之一。

地面睡垫

睡袋和庇护所再好，若是直接睡在地面，性能也会大打折扣。地面睡垫减少你和地面之间的传导热损失。除了保暖，还可以提供缓冲，增加舒适性。求生情况下，休息充足至关重要。许多人若是缺乏休息，会导致危险的心理和生理后果。比如说，我若是睡不够，就会恶心。思维不清会让人做出错误的决定。睡垫锁住空气，在你和地面之间形成一个不流动的空气层。静止空气起到保暖层的作用。如果你没有

在压缩袋中的睡垫

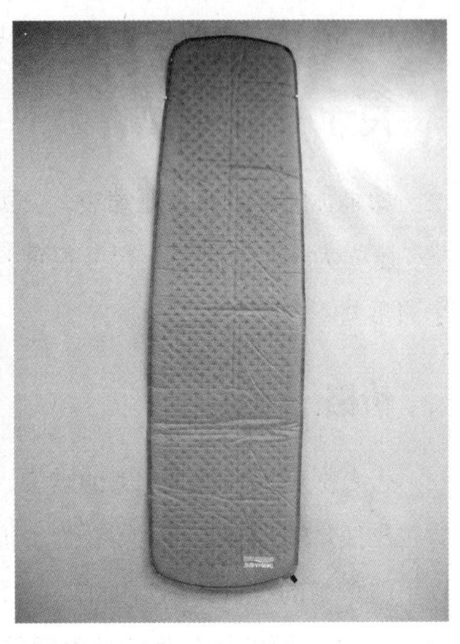

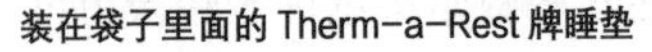

装在袋子里面的 Therm-a-Rest 牌睡垫

展开后的 Therm-a-Rest 牌睡垫

防潮的地布，比如防水布，睡垫也起到防潮的作用。地面睡垫有两种类型：

充气式睡垫

充气式睡垫在使用时充气，装包前要放气。充气式睡垫有柔软的睡眠表面，可以作为极好的隔寒、隔潮屏障。很多充气式睡垫在放气后体积很小，正如本页照片中显示的那样。为了轻、小的优点，你得多掏钱——它们并不便宜。一旦扎破，充气睡袋就基本上完全不保温了。各品牌的睡垫也都卖修补工具套装，如果你担心扎破，那就搞个轻型的修补套装放在背包里。

优点：

很舒服

很小

缺点：

对 BOB 而言价格贵

一旦扎破，就没法隔热保暖

泡沫睡垫

泡沫睡垫重量很轻，但是体积很大。价格便宜，还很耐用。它们是在模具中发泡成型的闭孔防水泡沫——这让它们成为极好的潮湿地面的防潮屏障。我就用泡沫垫做自己的 BOB 睡垫。不同厂商生产型号各不相同的泡沫垫，但是设计总体上差不多。

即便扎穿一个洞，也不会影响泡沫垫的性能。由于尺寸过大，这种垫子最好固定在 BOB 背包的外面。

优点：

非常结实——几乎不会坏

价格不贵

缺点：

体积大

卷起来的泡沫睡垫

整装待发

多功能用品：泡沫睡垫

三星级☆☆☆

泡沫睡垫是一种出色的多功能产品。除了作为睡垫，还可以用于一些生存功能。

救生垫

泡沫睡垫野营躺椅

◆ 6.8 小结

庇护所在生存需求中的重要性处于顶层。在极端条件下，它的优先级是排在第一位的。庇护所给你一个安全的、受保护的区域，给你肉体和精神上的双重安全。灾难会摧毁一个人正常的精神，扰乱你的情绪，在混乱无序之中，庇护所会极大提升你的勇气。不管你和家人选什么样的庇护装备和寝具，都一定要拿到外面试试，确保一切都和预期的一样 —— 无论在背包内，还是背包外。如果有什么不对劲，那就重新考

求生小贴士

如果你没有从商店买来睡垫，也可以用松树枝来充数。要想制作这样的睡垫，你需要按照自己的身形，在地上铺上8~12英寸的松树枝。这种睡垫的舒适度一定会超出你的想象。它可以有助于你隔离开冰冷的地面，为你的身体保温。大多数的常青树，如刺柏、雪松和松树都有很好的效果。

天然树枝睡垫

虑一下你的选择。

常见灾难应对思路　如果你住在容易发生暴雪或暴风雪的地区，帐篷庇护所要比防水庇护所更好，因为它能提供额外的保护。

第七章
火

◆ 7.1 火的用途

生火，或许是地球上最重要的生存能力。自古以来，火就是生存的核心。有了火，就可以完成诸多的生存任务。逃生中，无论个人还是家庭，都有不计其数的死亡威胁，下面我们就讲一些依靠火而活下来的办法。

取暖

在特定情况下，火可能是你逃离寒冷、控制核心体温的唯一办法。来自火的热量，不仅可以给你温暖，也可以用来烘干衣服、鞋子和装备。湿衣服和寒冷天气在一起，是致命的。我以前提到过，失温是户外头号杀手，而火是对抗失温的最好办法。

烹饪 / 烧开水

火可以用于烹饪和加热食物，用煮开水的办法净化水也需要用到火。

发信号

白天用烟雾发信号，夜间用火发信号，这是行之有效的两种发求救信号的方法。这两种信号挽救过无数迷路的逃生者的生命。

烘干潮湿的靴子

用火烹饪食物

勇气

灾难之中，90% 的生存要归功于精神力量。我对所有的学生都这么说：求生的意志，比求生的技能更重要。在灾难场景中，火可以极大提升人的勇气。火带来温暖和光明，让人冷静、振作、鼓舞力量。在令人沮丧的环境中，生起一堆火，可以让你有把握感、成就感。求生环境中，你要面对一大堆的麻烦事，保持乐观极为重要。火可以让你保持乐观心态。

◆ 7.2 生火套装

生火装备样本

所谓套装，就是背包中较小的一个分类容器。我以前说过，把各种工具按类别放在相应的套装里，用的时候找起来就容易、快捷。生火工具要放在专门的防水套装中，避开水和湿气。你可以使用多种容器来存放生火工具，比较实用的例子有：

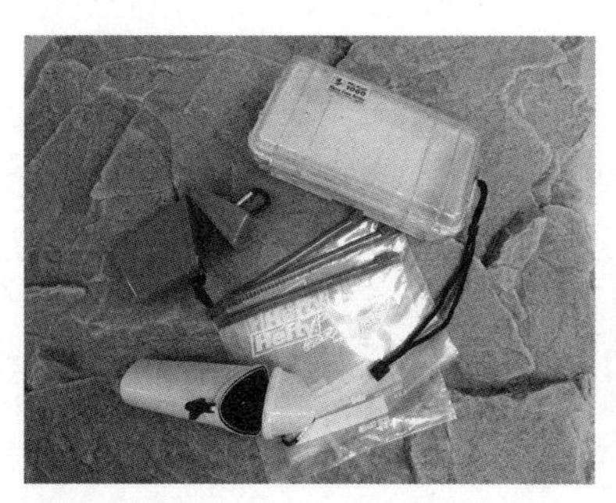
拔牙钳及密封袋

火柴及防水火柴盒

带有 O 形圈的铝制密封容器

不会进水的袋子、盒子、管子

各种物品先放在密封袋里，再装进不防水的容器

不管你用什么类型、多大尺寸的容器，都要练习一下在全黑环境或闭着眼睛在袋子里找到它。因为你极有可能需要在光线很暗的时候找到它。另外，灾难情况下不会有什么理想的环境，要为最差的条件做准备。若是条件较好，那是你的运气。

由于火是如此重要，所以我建议你装包的时候点火工具要有备份。你的 BOB 里要有两种主要的生火组件：

1. 点火源（ignition source）

2. 引火物（fire starting tinder）

◆ 7.3 点火源

你要在背包中至少准备三种点火源。因为点火源的成本和重量都微不足道，所以多备几套是合理的。

点火源 1：打火机

打火机便宜、轻、可靠、易用、耐久，使用效果极好。我在防水点火套装里放一个打火机，在 BOB 背包的另两个地方还有两个。打火机也有一些局限性，在很冷或很潮湿的环境不大好用。

点火源 2：防水万能火柴

普通火柴不耐潮湿，所以一定要在背包里放一打左右防水万能火柴，存放在密封的火柴盒子里。你可以在户外用品店的露营区买，也可

求生小贴士

用指甲油浸泡火柴可以使其增加防水功能。你也可以浸两次，确保其防水性能。如果你实在不放心，也可以浸三次。

浸过指甲油的防水火柴

以在仓储式折扣零售店买。

点火源3：钢质打火棒[①]

这东西的专业名字叫“铈铁合金棒”，很多人也叫它“铁合金棒”或“金属火柴”。用专用金属刮片或生存刀的刀背去刮打火棒，可以产生高于2000 ℉（约1093℃）的火星。打火棒的款式有很多种，但是原理相似。

打火棒可以在潮湿和浸润的环境下打火，一个普通的打火棒可以使用上千次，把这些火星打到引火物上，是一种很有效的起火办法。在丛林里，我几乎只用它。我带的打火棒是Kodiak Firestarter牌子的，他们把打火棒安放在一块镁条上。在条件好的时候你可以只用打火棒引燃引火物，正如你使用其他的打火棒一样。但是如果环境不大好，或者引火物不理想，这时候你可以用刀子或打火工具在镁条上刮下一些镁屑，镁屑只要一碰到火星，就可以燃烧到5000 ℉（约2760℃）以上，一片

① 中国驴友习惯称打火棒、打火石，偶尔也有误称“镁条”。

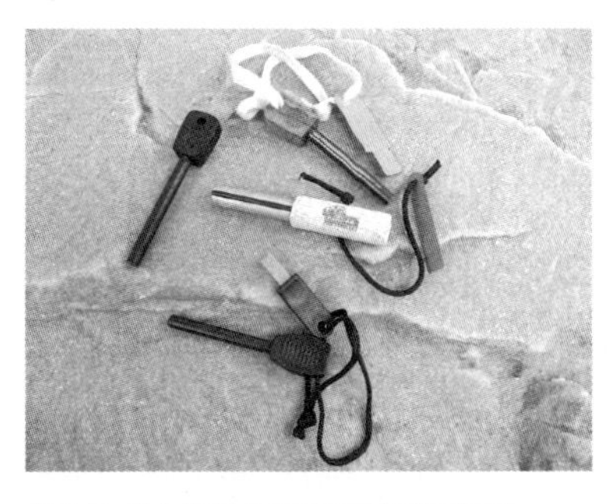

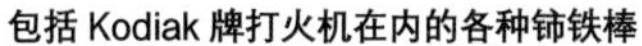
包括 Kodiak 牌打火机在内的各种铈铁棒

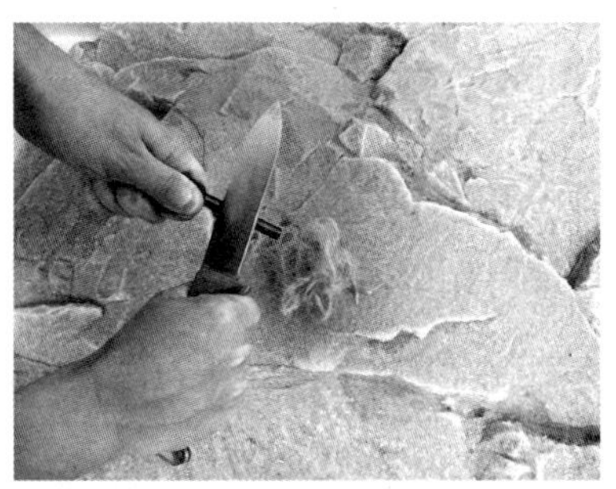

配合小刀打火

片金属屑依次燃烧，点火易如反掌。这种组合式的打火棒价格有点贵，但是为了其自带的镁助燃材料，多花几块钱、多带点重量，也是值得的。这是把点火源和引火物合二为一。

◆ 7.4 引火物①

点火源只是点火过程的一半。在逃生时，我们必须确保火能够生起来。所以不仅要有一个保证能点火的工具，还得有保证一点火可以燃烧起来的引火物。你唯一确保可以点燃的引火物，就是你在背包里携带的。虽然大自然中也有引火物，但是某些天气下要找到干燥、易燃的引火物相当困难。下面介绍一些非常不错的 BOB 引火物，我建议你至少带上两种。

WetFire 引火物

WetFire 是一个品牌的名字，这个牌子可以在大多数户外用品店买到。这是不可否认的最好的引火物。无论什么天气，只要一个火星，就能点燃，甚至可以漂在水上点火燃烧。

① 中国驴友习惯叫火绒。

这款产品相当出色，可以作为 BOB 背包可靠的生火用品。WetFire 药片每片独立包装在防水的包装袋，可以烧2 ~ 3分钟。由于 WetFire 药片的燃烧时间足够长，你甚至可以拿来当作第四章介绍过的 Esbit 牌折叠炉的燃料，把这些药片当作不错的多功能物品。

WetFire 药片也可以与 StrikeForce 牌子的打火器的手柄匹配。这是一个很好的工具，包括一个打火棒和一个打火刮片，集中装在一个牢靠的塑料盒子里，里面有一个分隔位置可以装得下一包 WetFire，这样就构成一个全套的生火包。

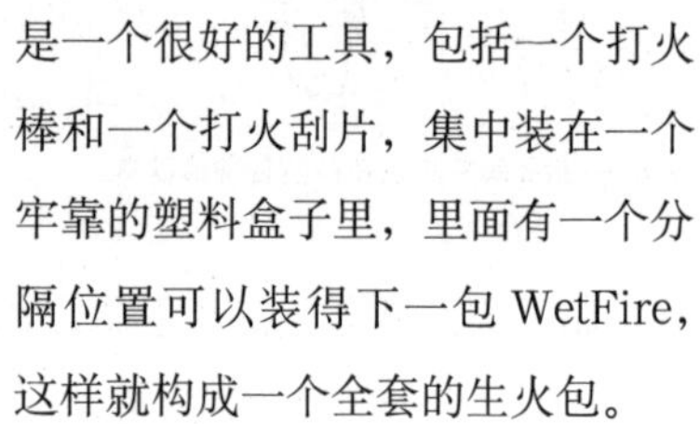

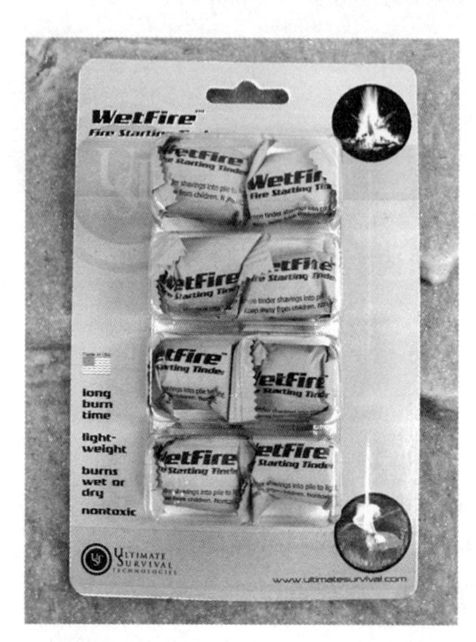

WetFire 的包装

钢丝棉①

普通的钢丝棉是一种容易买到的极好的引火材料。一小点火星就可以点燃细纤维，高温闷燃。这团闷燃的钢丝棉可以引燃其他的易燃引火物，比如干草、树叶、纸张等。

在水面上燃烧的 WetFire

在 Esbit 牌炉子里面燃烧的 WetFire 药片

① 实测可以用0000＃到1＃的抛光钢丝棉。

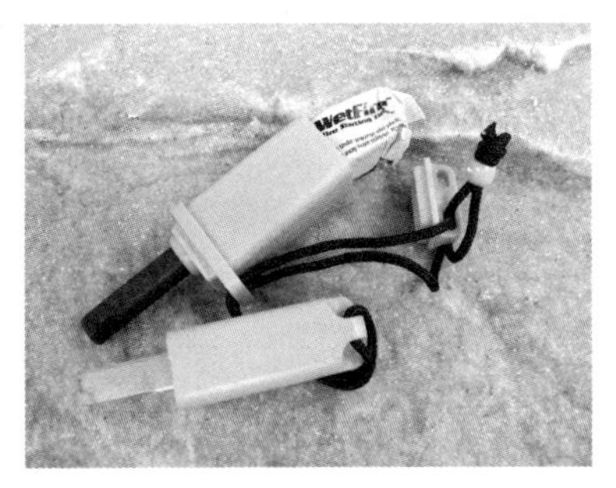

ForgeSurvivalSupply.com 上购买的 StrikeForce 打火器

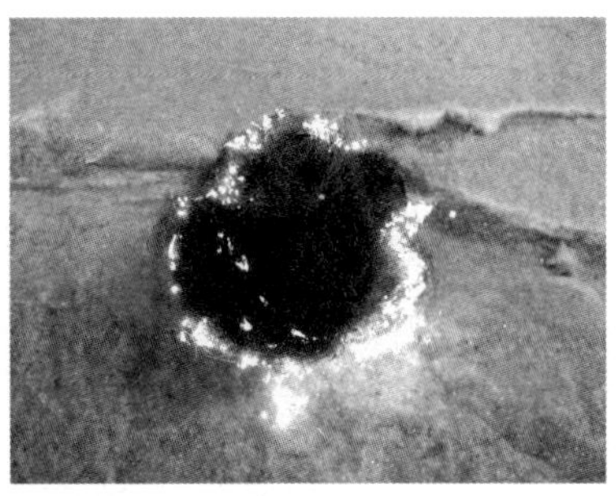

闷燃的钢丝棉

钢丝棉随时可以在五金店和杂货店买到，价格也便宜。

与 WetFire 引火物一样，钢丝棉也不怕潮湿。即便吸了水，只要把水甩干，就可以瞬间点燃。一个很小的容器就可以放挺多的钢丝棉，钢丝棉也不会过期。即便在极寒天气，钢丝棉也可以点火闷燃。

PET 球

这是我用过的最好的引火材料之一，可以在家里花几分钟自制，几乎不花钱。这种自制的引火物只需要两种成分：一种是石油脂（最常见的石油脂是凡士林），另一种是棉球，或干衣机里拿出来的掉落的绒毛。(PET 是 petroleum 的缩写，因此叫它 PET 球。)

这东西很好做，只要把棉球或差不多大小的干衣机绒毛团，用四分之一量勺（西餐烘焙用的专用量勺）分量的石油脂浸润。

然后把石油脂涂均匀，覆盖到每一处的纤维。

最后，将它们揉成小球，存放在防水容器或密封袋里。

石油脂的作用是助燃剂。它是燃料源，而棉花 / 绒毛是灯芯。只要一个火星，就可以点燃，并可以持续烧几分钟。如果没有石油脂，燃烧时间只有几秒钟，大大减少把火烧旺的时间。石油脂的另一个作用

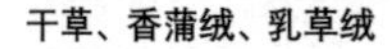

干草、香蒲绒、乳草绒

石板生火平台

是提高了棉球／绒毛的防水性。你也可以把石油脂与天然引火物混合，比如干草，香蒲绒毛、乳草绒毛也同样可以用。

因此，我旅行时总带一管 Carmex 润唇膏，这是一种以凡士林为主要原料的产品，应急时候可以很容易当助燃剂。

使用 PET 球，要将它分开，拉出细纤维。这样可以增加表面积，有利于空气流通。然后用打火棒对它打火，也可以用火柴和打火机点火，然后就可以把细木柴放在火苗上。

◆ 7.5 生火

点燃引火物是一回事，生起一堆火并让它持续燃烧下去，则是另一种实践技能。请允许我暂时离开“逃生背包”这个主题，先花几分钟大致说一下成功生火的“五步系统”。生火的办法有很多种，这种是我最常用的。

第一步：生火平台

要想成功生火，一个好的生火平台是重要基础，尤其是浸水、雪天、潮湿环境。生火平台的作用，是让你的引火物和最初的火离开地面，即便是一点点湿气，也会影响点火材料的易燃性。生火平台可以用各种材料搭建 —— 自然的或人工的。我用过各种各样的材料，比如平整石头、金属罐头盖等。三种较好的方案是：

平整的石头

树干

树枝

树干生火平台

树枝生火平台

第二步：引火物和点火

在点燃引火物之前，你应该事先准备好下面的三个步骤，这非常重要。时间不等人，除非你事先做好准备 —— 尤其是使用燃烧速度较快的引火物时。

当你准备好生火平台和柴火，就可以点燃引火物。在照片3里，我用一块 WetFire 当引火物。生火的柴要干燥，应该是一折就断。若是弯而不断，就不够干燥。

第三步："牙签"锥形堆

引火物开始烧的时候，把牙签大小的细梢枝和碎片堆成圆锥形（像

第三步："牙签"圆锥形篝火

第四步："棉签"圆锥形篝火

印第安人的锥形树枝帐篷）在引火物上面，耐心等这些小梢枝和碎片燃烧。火需要氧气，扇一下，或吹一下，可以让微小的火苗旺一点。

第四步："棉签"锥形堆

下一层燃料应该比第一层稍微大一点——大约像棉签那么大。围着小火，也堆成圆锥形，耐心等它们引燃，必要时扇风或吹气。

第五步："铅笔"锥形堆

和之前一样，你的下一层燃料要更大一些——大约像铅笔那么粗细，围着火苗成圆锥形堆放。若是削成"羽毛棒"，可以大大提高成功率。制作"羽毛棒"的办法，是从棍子上往里削出一条条薄片来，这样可以制造更大的表面积去烧木棍。

这时候火就可以自己稳定燃烧了。你可以继续往上堆放更大的粗枝和主枝。

第五步："铅笔"圆锥形篝火

带有开花木棍的"铅笔"圆锥形篝火

◆ 7.6 小结

你的逃生点火套装是 BOB 中最重要的附加物之一。花点时间到后院用你的点火套装来生火，各种天气都要试试。你若不会用，到了紧急时刻就毫无用处。

常见灾难应对思路 你若住在容易发生热浪、旱灾或野火的地带，在任何明火周围，至少要有径向36英寸（0.9m）左右的裸露泥土，或没有任何可燃物。在容易发生这些自然灾害的地区生火是极其危险的，要根据具体情况生火/烹饪。

第八章

急救用品

灾难发生时，肯定需要紧急救护。轻的如马蜂叮，重的如骨折，大大小小的伤害都可能发生。灾害环境祸不单行，随之而来的还有疲劳、恐慌、饥饿、担忧、混乱，各种因素交织在一起，你会有无数种受伤的可能。逃生中，要把“现场医疗”视为理所当然的内容。

在混乱的灾难逃生现场，若是缺乏足够的急救物资，本来已经很糟糕的情况就会雪上加霜。急救离不开医疗材料，因为别的东西难以代替。受背包尺寸和重量的限制，你能携带的数量是有限的。你的目标是携带够用的急救物资，以应付最常见的大部分情况。超出范围之外的严重情况，你只能随机应变，或者等候机会。

急救包在 BOB 背包里应该单独放置，一眼就能看到，一伸手就可以摸到。在 BOB 各类物资中，我对急救包的特别建议是：先买个现成的套装——然后按照自己的需要补充或替换一些别的东西。买成品套装作为起点，可以节省搜寻基本物品的时间。当然，你若愿意，也可以从零开始。一件件组建自己的套装。

◆ 8.1 预装的急救套装

几乎所有的杂货店、药店、普通店铺里，都能买到已经配置好的急救包。但是它们都不能满足逃生需要。大多数的成品急救包，厂商都把心思用在酷炫的包装，而不是内部物品的配置。别买这些通用款！你要选那些专门为户外爱好者设计的更基础的急救套装。

大部分户外运动商店（以及网店）的野营和背包旅行用品区都有

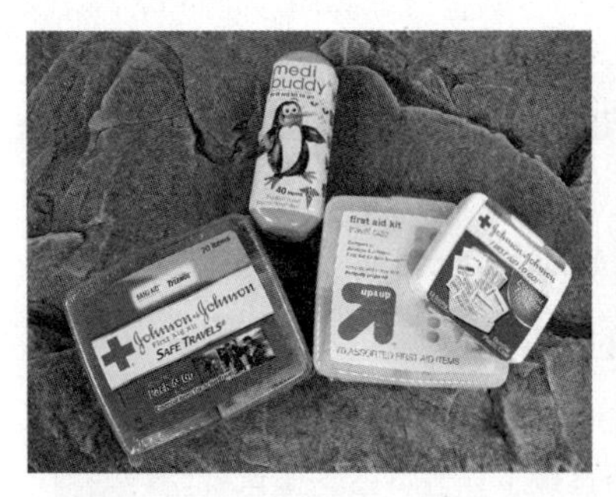

各种通用急救套装

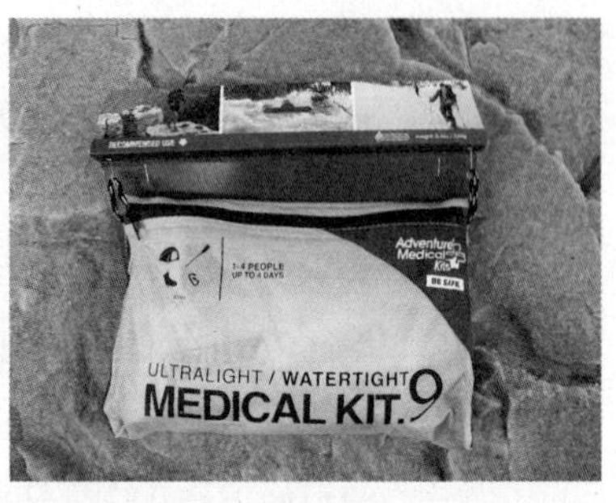

Adventure Medical Kits 上购买的专业4人急救包

军用式专用急救包

包装在密封袋中的急救套装

急救用品系列。Nitro-Pak（nitro-pak.com）和 Adventure Medical Kits（adventuremedicalkits.com）这两个网站都是购买急救套装的好地方。

买个野营和背包旅行专用急救包做你的基础套装。刚拿到手的套装对于 BOB 是不够的，但是与通用款比，这些产品更扎实、更专业。有些套装里的物品是按照特定人数设计的，为家庭或团队准备急救物品就不需要那么费事了。

你要按照家庭人数选购合适的款式，然后略加改造，添加一些本章列出的物品。

急救套装的容器

第一步是选择一个容器。如果你选购了一个成品的套装，就可以利用现成的。急救套装容器最重要的是防水。如果不防水，你就要把里面的各种物品放在不同的密封袋里。水和湿气会影响许多物品的使用效果，比如绷带、纱布、药片。不仅把各种物品分类装在密封袋，我还把整个套装塞在一个密封防水地图袋里。这种地图袋，你可以在户外用品店的皮艇用品柜台买到。这些塑料袋结实、柔软，为保持物品干燥而特制，你会在第十二章看到，我也用它来存放重要文件。

◆ 8.2 急救套装内容

下面列表是一些你应该装在 BOB 急救套装里面的物品。每种物品的数量，我按照人数分别列出：一种是1 ~ 2人套装，另一种是4 ~ 6人套装。许多物品，你都可以在药店的旅行专柜少量购买。

医治割伤的物品

消毒湿巾

1 ~ 2人：10片

4 ~ 6人：15片

创可贴（2.5厘米 × 7.5厘米）

1 ~ 2人：12片

4 ~ 6人：18片

创可贴（指关节和肘部）

1 ~ 2人：3片

4 ~ 6人：5片

包装在防水地图袋中的急救套装

消毒湿巾和创可贴

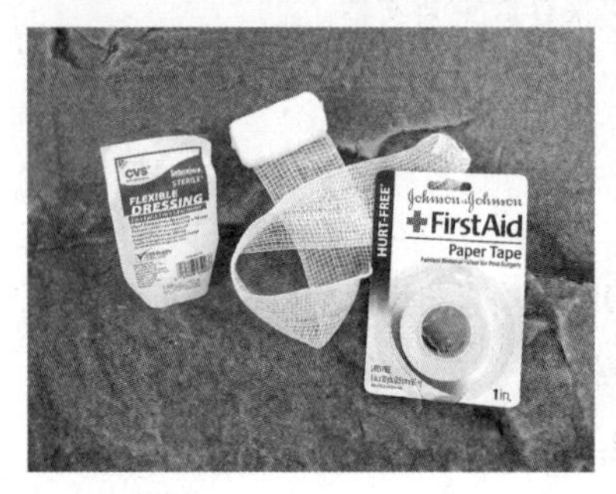

纱布和医用胶带

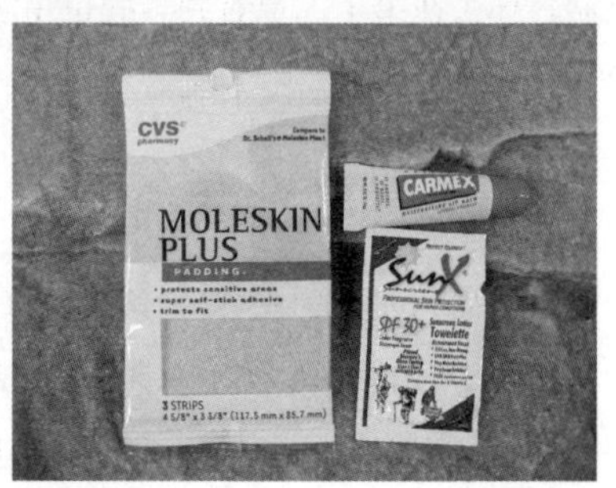

医用鼹鼠皮（斜纹棉布）、防晒湿巾及唇膏

皮肤胶合带

1～2人：5条

4～6人：8条

无菌消毒纱布垫（7.5厘米 ×7.5厘米）

1～2人：4片

4～6人：8片

消毒绷带卷（宽约5厘米，长约1.8米）

1～2人：1卷

4～6人：2卷

医用胶带（宽约2.5厘米，长约9米）

1～2人：1卷

4～6人：2卷

医治水泡 / 皮疹 / 烧伤的物品

医用鼹鼠皮贴片（10厘米 × 12.5厘米）

1～2人：2片

4～6人：4片

防晒用品：1小管或防晒湿巾

润唇膏：以石油为原料的唇膏还可以和引火物混合，作为助燃剂，有助生火

支撑用品

弹性包扎绷带（3寸，2码）

用于包扎拉伤或扭伤的关节

药品 / 软膏 / 洗剂

抗生素软膏

1～2人：1小管或2个单次使用装

4～6人：1小管或4个单次使用装

酒精棉片

1～2人：4片

4～6人：6片

布洛芬药片：减轻发烧、头痛、炎症

1～2人：200mg的药片5片

4 ~ 6人：200mg 的药片8片

抗组胺药片：减轻发冷或过敏症状

1 ~ 2人：25mg 药片4片（盐酸苯海拉明）

4 ~ 6人：25mg 药片6片（盐酸苯海拉明）

对乙酰氨基酚（扑热息痛）：减轻发烧和全身疼痛

1 ~ 2人：200mg 药片5片

4 ~ 6人：200mg 药片8片

阿司匹林片：缓解发烧、疼痛、炎症

1 ~ 2人：325mg 药片3片

4 ~ 6人：325mg 药片6片

盐酸洛哌丁胺（易蒙停）：止泻药

1 ~ 2人：125mg 药片2片（盐酸二甲基硅油）

4 ~ 6人：125mg 药片4片（盐酸二甲基硅油）

止吐药（茶苯海明）：缓解晕动症（晕车、晕船等）

1 ~ 2人：50mg 药片3片（乘晕宁）

4 ~ 6人：50mg 药片6片（乘晕宁）

婴儿维生素

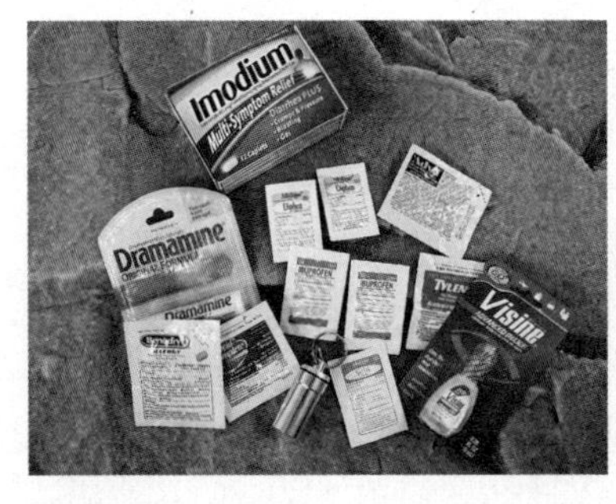

各式各样的急救药品

铝制医药盒

Visine 滴眼液

在药店花几块钱，就可以买到铝制的或塑料的药盒。它们非常适合装急救套装里的药。这些盒子耐挤压，体积小，还能防水。我在 BOB 的诸多小型套装里用这些盒子，其中一个会当作钓鱼套装。

◆ 8.3 其他医疗用品

乳胶手套：也可以当装水容器，或保持物品干燥，比如引火材料。

镊子：可以用于尖锐碎片和蜱虫之类。

安全别针：不同大小的准备五个 —— 用于装备修补，或者应急缝合。

驱虫剂：100% 浓度的避蚊胺是最有效的。有些驱虫剂易燃，可以在有风或潮湿的天气用来辅助生火。（可以用单次小包装，也可以用小型的喷雾瓶。）

镜子

镜子是很有用的急救和清洁工具，尤其是独自旅行时。若是给自己治疗眼睛、脸部、头部、背部的伤，镜子就特别有用。有一次乡村露营，

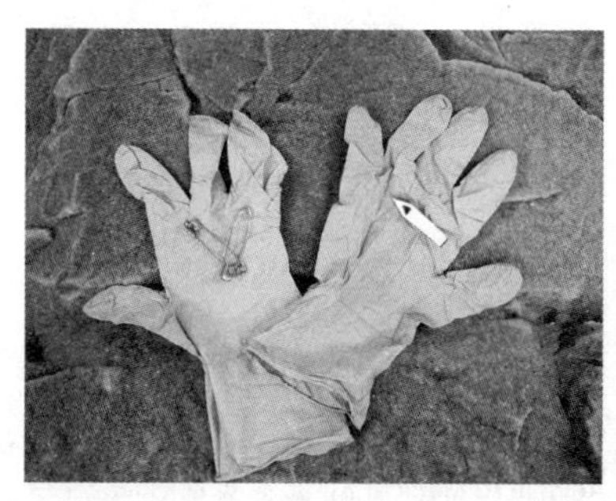

橡皮手套、镊子和别针

驱虫剂和逃生毛毯

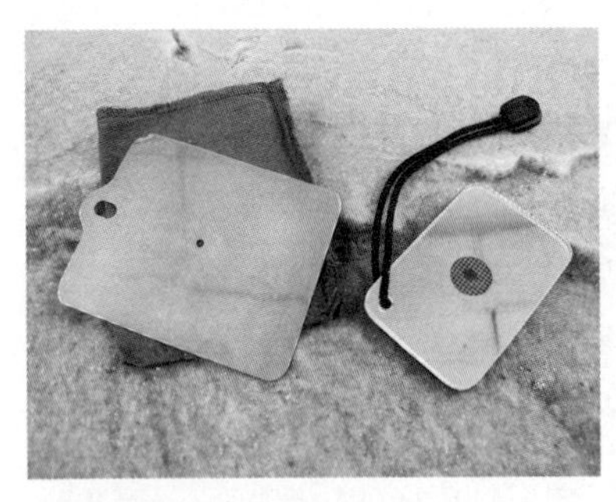

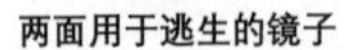
两面用于逃生的镜子

狗牌求救信号镜子

我差点因为眼睛里进了点东西而提前结束。从那以后，即便轻装减负，我也会在露营的时候带一个生存镜子。我也在 BOB 背包里放了一个。

镜子也是一种有效的发信号的工具。阳光被镜子反射，可以被几英里之外的人看到，当你向救援飞机、救援车、救援队发信号，这是个好办法。有一种特殊设计的发信号的信号镜，在中间有一个“视孔”，可以帮助你把阳光指向你的目标。照片中的两个镜子都是信号镜。我在 BOB 背包里带了个狗牌尺寸的小型信号镜，既是急救镜，也是清洁镜。镜子虽小，用处却大。

应急救生毯

救生毯防风、防雨，还能保存身体散发出来热量的90%，这是用途广泛的多用生存用品。寒冷天气中，你可以裹在救生毯里，尽可能保存身体热能，让自己温暖。烈日炎炎，你可以把救生毯反过来反射阳光，做遮阳棚。我的救生毯是

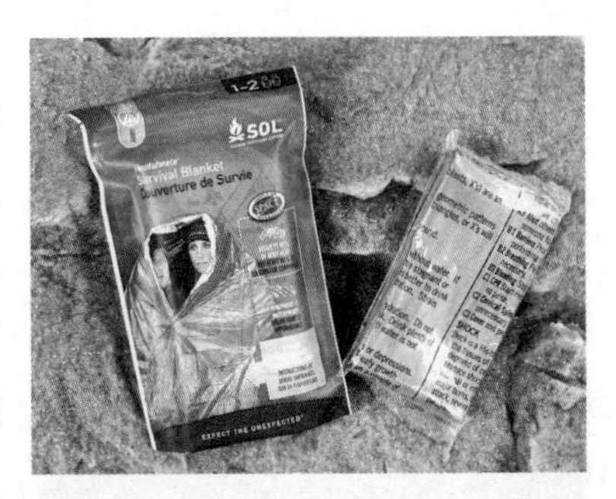

Adventure Medical Kit 上售卖的 Heat Sheet 求生毛毯

多功能用品：紧急求生毛毯 五星级☆☆☆☆☆

紧急求生毯具有各种各样的求生功能。它们可以当作优秀的求救信号，也可以作临时的雨披，地面防水布，或者设备保护伞。这些功能全都集中在一个重量只有3.2盎司（约90克）的小东西上。

按照传统方法用作求生毛毯

裹在身上当作雨披的求生毛毯

临时庇护所

用作防水设备的保护伞，四周用木棍压住

多功能用品：紧急求生毛毯

求生毛毯没有自带的固定点，比如扣眼。所以将它们用作帐篷或者设备保护伞的时候可能会比较麻烦。我的建议是，在毛毯的角上放一块石头并用绳子固定住。这样就会形成一个相对牢固的拴系点，且不会撕破毯子。

在求生毛毯的角上放一块石头，充当拴系点

Adventure Medical Kits 出品的 Heat Sheet 款。Heat Sheet 救生毯比普通的银色聚酯薄膜救生毯更厚、更耐用。

Heat Sheet 救生毯的一面是鲜艳的橙色，这让它可以作为很好的紧急求救信号。上面还印有救生指南和示意图以供参考。尺寸足有60英寸 ×96英寸（1.5米 ×2.4米），塞得下两个成年人，真是很棒。

◆ 8.4 个性化你的急救套装

药品

每个人都有自己的特殊医疗需求，你必须在组装急救套装时满足这些需求。下面是一些需要考虑的方面：

日常处方药

过敏药 / 应急过敏反应药

哮喘吸入器

医疗设备，比如注射器、血糖测量仪等

特殊的婴儿与孩童药品

若有可能，应该将日用的处方药全部放在 BOB 中。即便你到达安全地点，你也可能很难补充药物。为了保持药物的药效，你要定期轮换 BOB 中的处方药。每次补充药的时候，要把新药放在 BOB，旧药拿出来需要时可以吃，这样可以确保药品都能在有效期之内用掉。

眼镜和隐形眼镜

如果你平常要戴眼镜，记得在 BOB 中也备用一副。以前的旧眼镜也能用。万一你日常佩戴的眼镜坏了，或者丢了，你就变得很弱，或者只能依赖别人——在逃生途中，这都不是好事。想必你更愿意为团队做贡献，而不是拖累别人。

不要只带隐形眼镜。即便你带了隐形眼镜，也要再带一副普通眼镜。别忘了在背包里放一瓶旅行装的隐形眼镜水，还有隐形眼镜盒。

◆ 8.5 小结

记住，这是72小时逃生背包。人们总是很容易一时兴起，塞入太多东西，直到最后才意识到需要重新筛选。准备急救物品时，要全面，但不要过量。我曾见过有些家伙把整套外科医疗包、静脉点滴注射设备、麻醉药都放进逃生背包里。我的风格是尽量简洁，你也应该要有一个自己的限定标准。

常见灾难应对思路　如果你住在容易发生核武器攻击或核尘埃的地方，请注意这些提示，并把需要的药片装在包里。

暴露在核尘埃之前，事先服用碘化钾片，几乎可以100%保护甲状腺免受辐射引起的损伤。核高危区域包括容易受到军事袭击的大城市、位于沿海的会被海上信风吹到的州、靠近核电站的区域。每人准备十天剂量的碘化钾药片。你可以在www.ki4u.com上找到大量的核威胁相关信息。碘化钾片可以在www.campingsurvival.com网上购买。

第九章

清洁用品

应对灾难生存，人们往往会低估个人清洁的重要性。这类物资也经常被忽视。实际上灾难之后的清洁卫生是非常关键而复杂的问题。我们已经对各种现代生活设施的便利习以为常：

自来水

正常使用的卫生间

干净的衣服

洗衣机和烘干机

随时可得的清洁用品

定期垃圾清理服务

电力

一场大规模灾难之后，这些奢华享受都变得遥不可及。灾难求生中，你要考虑两方面的清洁卫生：公共的和个人的。

◆ 9.1 公共卫生

人类每天都在无节制地制造垃圾、废水、有害材料、医疗垃圾。为了处理这些废弃物，需要大量人力、设施、机器组建起来的网络系统，

垃圾桶

污水处理厂

对这些东西进行运输、处置、消毒。对动物和人类尸体的搬运和恰当处理，也是其中一部分。

从历史上看，大规模的灾难通常会让维护城市干净的垃圾搬运与垃圾处理系统陷入瘫痪。

一旦无法处理不干净的废弃物，会带来危害生命的威胁。

这时候，疾病传播风险会大增。你的对策，就是保持个人卫生，及时移走垃圾。

◆ 9.2 个人卫生

任何东西若是脏了，效率和产能都会变低 —— 人体也是一样。个人卫生不仅可以减少疾病和感染，还能鼓舞士气。保持振奋的士气和淡定的心态是很重要的。生存90% 靠精神力量，任何能提升士气的行为都大有裨益。这要从 BOB 包里装一些个人卫生用品开始。

◆ 9.3 BOB 包中的个人卫生用品

在你的逃生背包里，你要搞一个清洁小套装，把这些物品都装在一起，便于找到。

通用肥皂块或整包的香皂片

若是受伤，在得到救治前，伤口可以用肥皂清洗。当然你也可以用肥皂洗澡或洗别的东西，比如衣物和厨具。脏物和身体的油脂会堵塞衣服的透气纤维，降低保护性能。洗净弄脏的衣服，以确保衣服性能良好。我的 BOB 清洁套装里有一块宾馆用的小块肥皂，装在密封袋里。即便

旅行装肥皂和包装好的肥皂片

与胶带配合充当应急绷带的卫生纸巾

是这么小块的肥皂，你在72小时之内也用不完。

Coleman 公司生产了一种很酷的产品，叫“肥皂片”。我是在沃尔玛超市看广告了解到的。五十片一包，装在一个可以翻盖的盒子里。这些薄片接触到水，就会溶解为肥皂泡。盒子本身不防水，你若使用这种产品，最好放在密封袋里。

棉条和纸巾

除了它们原本的用途，棉条和纸巾还有其他求生功能。你可以把它们像纱布一样用，当作创可贴，用管道胶布（一种用于密封管道的高强

将卫生纸当作滤水器

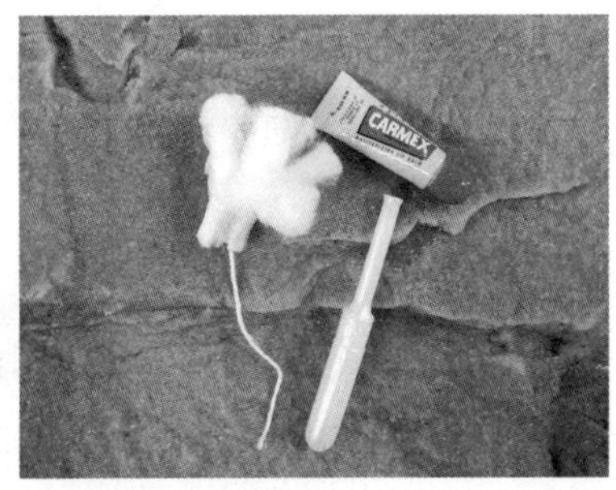

卫生棉条与 Carmex 唇膏

度胶布）或医用胶带固定。

它们也可以预过滤浑浊的或肮脏的水。

此外，它们还是很好的引火材料。你可以把棉球之类的材料和你的Carmex 润唇膏混合，作为点火材料，可以烧几分钟。

这些都是极好的多功能户外生存用品。

消毒湿巾

消毒湿巾可以在杂货店买到，通常摆放在纸品货架上。（一定要买专门适用于皮肤的品牌，而不是表面清洁器用的湿巾 —— 那玩意儿太虐待皮肤了。）湿巾是代替洗澡的好东西。用几张湿巾完成一次简单的"口水澡"，就可以清除细菌、尘垢和身体油脂。缺水或天气寒冷的时候，这办法特别有用。湿巾也可以用于清洗和维护装备，比如你的烹饪锅、餐具。

旅行装洗手液

洗手液含有大量酒精，适合在需要的时候对双手和身体其他部位进行快速消毒。它也不需要消耗宝贵的水资源。洗手液也可以用于小刮伤和割伤的消毒。不过，任何开放式伤口只适合用肥皂和水来洗。洗手液酒精含量高，也可以当作点火用品。它虽然烧得很快，但是在生火条件不大理想的时候也是一种有用的燃料。

尿布

若是你带着还没学会自己撒尿的孩子一起走，就得带上足够72小时的尿布。这对团体的卫生是重要的。即便你在家里都用布做的尿布，逃生也得带上一次性的尿布。BOB 背包里的尿布要随着孩子的长大而随时更新。若是孩子未满周岁，你可能需要每隔二三个月更新一次，顺便更新一下孩子的衣服。建议另加一袋湿纸巾、一盒婴儿爽身粉，以及尿布膏（避免尿布湿疹）。

小包装的毛巾

千万别带普通洗澡毛巾或沙滩浴巾。这些100%纯棉的制品极难干燥，又重又笨。再说你也用不到全尺寸的大毛巾。

你需要的是超吸水材料做的毛巾，重量轻、容易拧干、干燥快。这类毛巾中，Lightload 牌毛巾就是很有人气的牌子，你可以在 ultralighttowels.com 网站买到。这些毛巾使用100%的黏胶纤维材料，还可以当滤水器、急救绷带、粗滤网、引火物、尿布、面罩和围巾。它们被压缩为一个个防水的小圆片，非常适用于 BOB。即便展开过了，依然还可以压缩到相当小的体积。我在 BOB 里准备了两个12英寸 × 24英寸（30厘米 × 60厘米）的毛巾。毛巾虽小，擦干身体也够用，大不了多拧干几次。

洗车用的麂皮布也可以作为不错的 BOB 毛巾。这是一种类似于海绵的高吸水性布料做的，耐用、便于清洗、重量轻、容易干燥。在各种

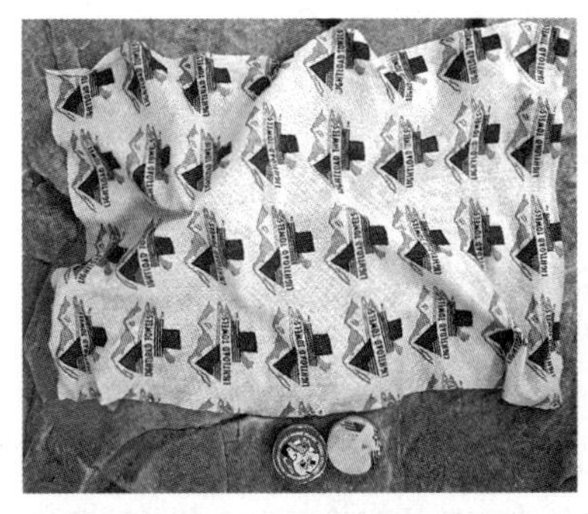

展开的 Lightload 毛巾和2个压缩毛巾

洗车布

打折百货店的汽车配件区可以买到。

这些野营毛巾都可以煮沸消毒。追求极轻装备的背包客也可以用方巾当毛巾用。

迷你牙刷 / 牙线

即便没有牙刷，也不影响你生存72小时，所以牙刷是可有可无的。不过，小型的旅行牙刷牙线二合一套装很便宜，几乎没啥重量，可以用完就扔。

一个工具两种功能，这种精巧东西还是值得带上的。作为一种鼓舞士气的用品，它对精神的作用大于对肉体的作用，因为它可以提醒你：“过上正常的生活”依然是可能的。

迷你旅行牙刷和牙线

厕纸

记住带上厕纸，除非你想用叶子擦屁股，或者到处捡废纸。像照片中的那种旅行装厕纸花不了几块钱。当然你也可以像我一样自已卷一些塞在密封袋里。

旅行装厕纸

◆ 9.4 小结

即使是短短的72小时逃生，清洁卫生也会对精神和肉体起作用，影响你的生存能力。通过简单的步骤保持清洁卫生，可以避免疾病的发生和传播，让你的逃生日子舒服一些。

常见灾难应对思路　如果你住在容易发生热浪或干旱的地带，要多带些湿巾。一旦缺水，保持个人卫生就会更难。

第十章

工具

独立荒野逃生要求我们在完全脱离大部分习以为常的现代生活后完成各种任务。没有了合适的工具，即便是最简单的生存任务也会变得极其困难、耗时、事倍功半。对每一个 BOB 而言，准备一小类专用工具是至关重要的。

◆ 10.1 逃生工具1：生存刀

你的生存刀毫无疑问是 BOB 里位列前三的重要物品（另外两个是生火工具和金属容器）。对于大多数人而言，生存刀的选择是一件因人而异的事情。市面上成千上万的小刀令人眼花缭乱，无从下手。不要被电影所误导，那些画面里华丽的小刀更适合收藏家，而不是真正的生存主义者。从设计上来说，生存刀应该是非常简单的。它应该更注重功能，而不是“酷炫”。在这个章节里，我将阐述为什么生存小刀如此重要以及好的生存刀的一些特性。我同样会给出我最喜欢的四款生存刀让你参考。

生存刀的功能

生存刀或许是整个 BOB 里功能最丰富的工具了，它可以发挥的求生功能多到数不清。你不会明白一把优秀的、锋利的切割工具在求生中有多重要，直到你失去了它。我的深刻经历来自一个为期三天却不能使用任何现代工具的求生旅行。此后我再也不会把生存小刀当作是一件理所当然的事了。下面粗简地列了一些一把小刀派上的用武之地：

切割

狩猎

开膛

挂在腰带上的求生小刀

用刀柄固定帐篷的桩

雕刻开花木棍，方便生火

雕刻木叉

固定庇护所支点

挖掘

自卫

切断 / 砍伐

生火

雕刻

信号镜（如果刀身打磨抛光的话）

搭建庇护所

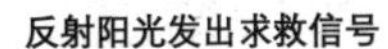

反射阳光发出求救信号

绑在逃生背包上的求生小刀

准备食物

你将经常使用生存刀，要将其放在触手可及的地方。我习惯将自己的生存刀绑在 BOB 的外面。

一旦进入逃生的情况，我会立刻将刀绑在腰带上，以便迅速拔取。

我可不想浪费时间翻箱倒柜去找它。

◆ 10.2 生存刀的特点

固定式直刀

求生小刀应该是固定式的直刀 —— 而不是折叠式或者带锁扣的。折叠刀毫无疑问携带便利，但是折叠处的强度会大打折扣。如果小刀在高强度的使用中损坏了，那就真是倒大霉了！如果你真的非常喜欢折叠刀，可以带上一把备用，但是千万不要拿来做基本求生小刀。我日常随身携带一把 Spyderco Native 牌的折叠刀，并且将其作为 BOB 的备

鼠尾刀柄（小）和连柄刀刃（大）

固定刀刃的小刀和折叠式小刀

Spyderco 牌口袋刀

用刀具。

一体式刀身

一体式刀身，指的就是刀刃和刀柄由同一块金属锻造而成。金属刀把夹在其他材料之中打造成刀柄。一体式结构可以大幅度提高小刀强度，在使用过程中也不易折断。另一个选择是鼠尾式刀舌，这种刀舌相比之下更加小巧和狭窄。

一体式刀身的坚固性和稳定性都不错。它可以承受繁重任务带来的严重摧残，比如劈柴（指的是将刀放在一块木头上，然后用另一块木头反复敲打刀背），所以它经常在生存社区内被称为“警棍暴揍”。

使用求生小刀切割木材（做警棍）

在磨刀石上打磨小刀

我同样拥有许多非一体式的刀子，并且非常喜欢它们。但它们绝不是我的生存刀首选。

锋利

生存小刀应该如剃刀般锋利。它应该能轻易削去你前臂的毛发。如果变钝了，买一块磨刀石打磨它。你应该对锋利的刀刃感到自豪。钝刀使用起来比较困难和笨拙，效率较低，需要你花更多的精力，并且让你在雕刻和切割的时候无法准确拿捏。一把锋利的生存小刀在克服这些困难的同时使用起来也更加安全。

尺寸很重要

粗略地估算一下，小刀的总体长度应该在18 ～ 28厘米（7 ～ 11英寸）之间。一把远超过28厘米的刀干精细活是不现实的。但是，一把小于18厘米的刀特别是在完成费力的活时也捉襟见肘。

刀尖 / 单刃刀

你的刀需要有刀尖。尖头小刀在应付各类杂物中都很管用。我曾经

雕刻时，用拇指稳住刀身

将我最喜欢的生存小刀的刀尖折断了，这使得它的性能大打折扣，最后不得已将其丢弃。

另外，生存刀也不应该是双刃刀。你只应该选择单刃刀，因为你并不需要双刃刀。平整的刀背可以发挥更多的功效。下面是一些最常见的例子：

刮擦打火棒

给手或者大拇指提供支撑点，方便操刀更稳定

在切割或者劈柴的时候，用来砸敲

我一直以来都用刀背来做这些事。而一把锋利的双刃刀就无法具备这些重要的功能。

优质的刀鞘

再也没有比劣质的刀鞘更令我厌恶的了。在这一点上，许多刀友都有相同的看法。设计糟糕、廉价的刀鞘令人沮丧，用起来也不安全。

两副 Kydex 塑料刀鞘

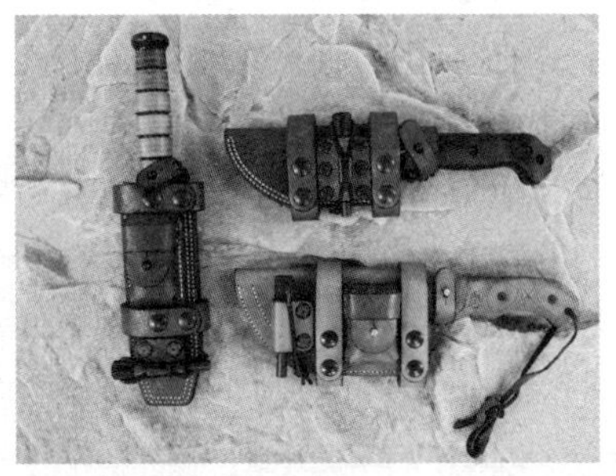

在 Hedgehogleatherworks.com 上购买的皮革刀鞘

一把好的刀鞘应该恰如其分地将刀子牢靠且安全地固定住，即便是摇晃或者倒置也不会掉落。但是，你也要能够用单手轻松地将刀子取出或者插回刀鞘。我个人喜欢模制的Kydex塑料刀鞘或者皮革刀鞘。两者都是可以经受极端环境考验的牢固材料。

很多顶级刀具却配了极为糟糕的刀鞘。我就曾经因为刀鞘的保护能力很差而在野外丢失过好几把刀子。一把刀就是一笔投资。如果你喜欢一把小刀却不满意它的刀鞘，记住还可以找一些专门的公司为你定制Kydex塑料刀鞘或者皮革刀鞘。圣路易斯安那州的Hedgehogleatherworks.com就是一家这样的公司：专门为一些非常流行的生存刀提供皮革刀鞘配件服务，其中就包括我首推的Blackbird牌SK-5和Becker牌BK2。我拥有几个Hedgehog Leatherworks公司定制的刀鞘，敢打包票它们的质量和做工都相当不赖。另外一家公司SharkTac也是专门为顾客定制Kydex塑料刀鞘的。

◆ 10.3 四大最佳求生小刀

Blackbird牌SK-5生存刀

这把生存刀是由生存专家保尔·谢尔特精心设计的。它满足本章提到的生存刀的所有标准。它极其适用于各类求生环境或灾难紧急情况。Blackbird牌SK-5的刀尖非常结实，刀背上角磨出锐利的棱角，非常适合刮打火棒。平整的刀柄末端有足够的面积用于轻敲拍打之类的活。它的把手上还有一个小孔用于系挂绳或者腕带。这把小刀还非常周到地考虑到了经过长时间地使用小刀之后，人体工程需设计的把手可以有效分散摩擦带来的热量，避免气泡。刀刃由优质154CM不锈钢制成，出

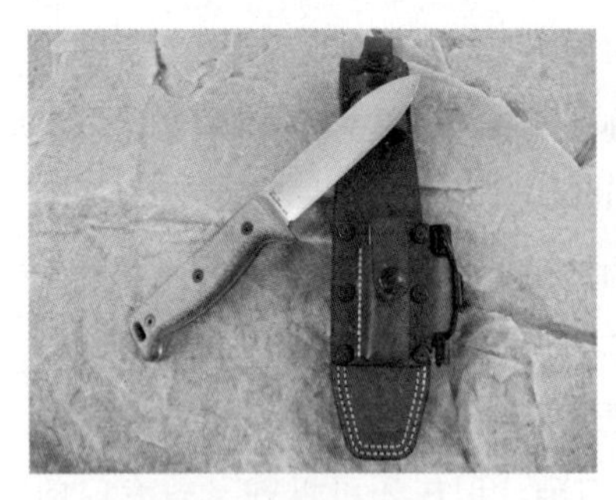

Blackbird 牌 SK–5 求生小刀

Becker 牌 BK2小刀和原装黑色尼龙刀鞘，还有定制的 HedgehogLeatherworks 公司的皮革刀鞘

门时不需要费心维护打理。这在热带、潮湿、多雾的环境中非常管用，劣质钢材往往会腐蚀生锈。154 CM 等级的钢材在高强度切割中同样表现优异。

Blackbird 牌 SK–5 的规格：

总长度：25.4厘米（10英寸）

刀刃长度：12.7厘米（5英寸）

刀刃厚度：3.3毫米（0.13英寸）

价格：149美元

可在 hedgehogleatherworks.com 上购买

Becker 牌 BK2随身刀

Becker 牌的 BK2小刀虽然结构简单，但拥有十分丰富的功能。它具有你所需要的所有功能，没有冗余的设计。没有赘饰，经久耐用，这是一把生存刀的经典之作。这把刀有一个许多人都不知道但很酷的功能，它的手柄可以用小型扳手拆卸下来。手柄里面有几个小凹槽可以储存一些小东西，比如鱼钩、鱼线或者引火物。它同样是一体式刀身，非常耐用。

BK2的规格：

总长度：26.7厘米（10.5英寸）

刀刃长度：13.3厘米（5.25英寸）

刀刃厚度：6.4毫米（0.25英寸）

价格：大约70美元

可在 www.willowhavenoutdoor.com 上购买

Gerber 牌 Big Rock 野营刀

我知道，并不是每个人都愿意在BOB的生存小刀上花费70多美

Gerber 牌 Big Rock 野营小刀

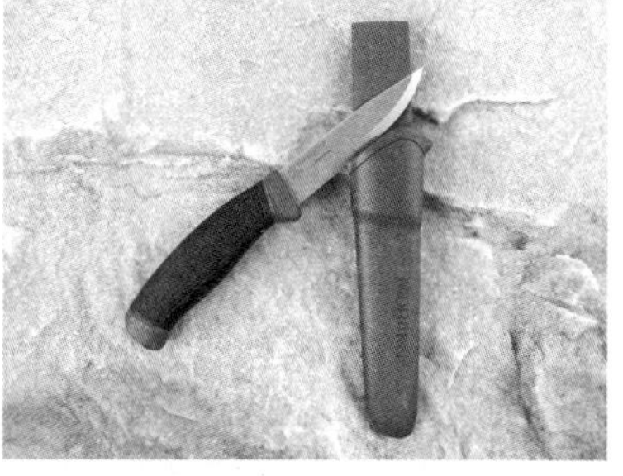

Mora 牌840MG 野营小刀

Schrade 牌 Tough 多功能工具

Leatherman 牌 MUT 多功能小刀刀刃

元。如果你的预算有限，Gerber 公司有几款优秀的一体式直刀可以选择。照片中这款 Big Rock 在网上或者户外用品零售店都能买到。这是一把非常结实的一体式直刀，在干重活时也非常管用。它还具有防滑的橡胶处理把手，确保小刀在任何时候都不会从手里滑脱。这把刀同样带有系索孔，一半的刀刃带锯齿，既能切割也能撕扯。我经常使用这把刀，并且对它评价不错。

Big Rock 的规格：

总长度：24.1厘米（9.5英寸）

刀刃长度：11.4厘米（4.5英寸）

刀刃厚度：4.8毫米（0.19英寸）

价格：34.99美元

购买地址：www.rei.com

瑞典 Mora 牌840MG 小刀

瑞典 Mora 刀具公司户外小刀的制造上有着悠久的历史。虽然这不是一体式直刀，但在这个价位——15美元，你不会找到比它更好的产品了。在无数次探险经历中，我一直使用这把刀，甚至还用坏过一把。它并没有满足我对生存刀的所有标准，所以我不会将它推荐给你作为 BOB 的基本小刀，但是它作为备用刀是非常出色的。

840MG 的规格：

总长度：21.6厘米（约8.5英寸）

刀刃长度：9.9厘米（约3.88英寸）

刀刃厚度：2毫米（约0.08英寸）

价格：15美元

购买地址：www.willowhavenoutdoor.com

◆ 10.4 BOB 工具2：多功能刀具

一件好的多功能工具，就像是在 BOB 中准备了一个又小又轻的工具盒。许多多功能工具都集成了多达十种不同工具的功能于一身。与你的生存小刀一样，这些工具也将在求生环境中完成不计其数的任务。

下面列出了一些你应该在 BOB 中选购的多功能工具。

刀

我知道，你已经选择好了一把求生小刀。但多功能工具中的刀并不是基本求生刀，而是一把备用刀。多功能工具里的小刀刀刃会比生存刀小很多，或许更适合完成一些精细的活。无论如何，多准备一些备用的切割工具永远不会是一件坏事，没有工具才会捉襟见肘。

迷你锯

迷你锯可以快速锯断直径5～8厘米（2～3英寸）的树枝和小树干。这在收集柴火或者搭建临时庇护所的时候非常管用。

Leatherman 牌 MUT 多功能锯子

用 Leatherman 牌 MUT 多功能锯锯树枝

钳子

当你真的需要用到一把钳子时，就会发现它是难以替代的。它属于日常容易被忽视，用时方恨无的工具。钳子有很多其他用途，包括拧螺丝、掰折金属和夹持烫手的烹饪锅。在寒冷的天气里操纵机械工作时，钳子往往比你的双手更灵活。

最基础的钳子就是钢丝钳了。你可以用它剪断钢丝，也可以剪钢丝陷阱套圈或者栅栏。你永远不会预料到自己会遭遇怎样奇怪的情形。与其将小刀磨钝或者损坏，不如使用专门的工具，迅速且省力。

Schrade 牌钢丝钳

手持热锅的多功能钳

用多功能钳剪断栅栏

用多功能工具修理汽车

十字和一字螺丝刀

这两种螺丝刀都是必备的。这两种螺丝刀头可以匹配95%你应对的螺丝。它们不仅可以用于维修你自己的设备，还可以一路上解决各种各样的麻烦。我曾经多次将我的一字螺丝刀当作迷你撬杆来用。

砍刀（可选）

如果你逃生的时候可能会闯入荒野地区，那么砍刀将会是极其管用的工具。砍刀可以高效地砍伐和收集木柴。在浓密的丛林里，砍刀可以用于清除茂盛的灌木，开辟道路。砍刀也可以用于挖雪洞，搭建防风的庇护所。它还是非常有用的挖掘工具。

kukri 弯刀

就我个人而言，我很喜欢砍刀的这些好处并在我的 BOB 中准备了一把。比起生存小刀，砍刀在干

拉丁式弯刀

放在 BOB 中的拉丁式弯刀

很多活儿时会更快速且省力。当然了，砍刀不是 BOB 的必需品，而是一种自选的工具。

◆ 10.5 小结

在逃难时，你可能会面对无数出乎意料、棘手的情况。事先准备好一组小的分门别类的工具可以节约你宝贵的时间，更别提减轻的体力消耗了。我的人生信条一向都是：干得多不如干得巧。工具可以帮你实现这个目标。

常见灾难应对思路　如果你住在经常有暴风雪的地方，你应该在冬天的时候，在你的 BOB 里常备一把轻型可折叠雪铲，夏天再拿出来。铲除厚积雪的能力，对于求生而言极其重要。好几家制造商都在销售专门为登山者设计的便携雪铲，极其小巧轻便。Black Diamond Deploy 就是一把优质的可折叠雪铲。

第十一章

照明

在紧急逃难的时刻，电力供应必然会停止。除了太阳和月亮，你唯一的光源只能来自你的 BOB 了。虽然没有任何一种手电筒可以让你在黑暗的旅途中获得不死之身，但是照明设备仍然是必需的。下面列出了一些你需要了解的知识。

◆ 11.1 在弱光或者黑暗中出行

夜间出行在某些情况下是非常有利的。比如在沙漠中，相比头顶烈日，夜间出行更加凉爽，也更加节约珍贵的水资源。虽然在某些情况下，你想避免与其他幸存者相遇而选择夜间行路，并且保持低调。但是无论如何，在没有照明的情况下在夜间或者昏暗中出行是极其危险的。即便是一点小意外，也可能对你造成毁灭性打击或者阻碍逃生之旅。

◆ 11.2 在昏暗中安营扎寨

如果你在清晨的第一缕阳光中出发，白天外出跋涉直到天黑，你将会走得快许多。但这也意味着你需要在弱光中动身与安身。为了安全与方便考虑，你还是需要看清手里的活儿。所以携带光源可以提高逃生和安营扎寨的效率。

◆ 11.3 信号

一个高强度的手电筒同时也是一个有效的信号装置，它的用途多种多样。

与你的团队发信号

我和我的逃生团队设定了一套简单的手电交流信号代码。我们可以用“闪光模式”远距离或者无声地传递基本信息。每个成员都在各自的BOB中准备了一张记录信号代码的卡片。下面就列出了一些：

一次短闪：安全

二次短闪：到我的位置来

三次短闪：在撤退地点集合

四次短闪：离开我的位置或者保持前进

一次短闪，一次长闪：有危险

二次短闪，一次长闪：收到、了解

一次长闪，二次短闪：拒绝

求救信号

手电筒也可以用来发送求救信号。除了挥舞手电筒去引起救援队的注意外，也可以使用一些国际通用的求救信号。其中最受欢迎的就是摩斯密码的SOS。在摩斯密码中，字母S是三个点，字母O是三条短线。所以，三次短闪，三次长闪，再接三次短闪，然后不断重复这个顺序，你就可以用手电筒发出SOS国际通用求救信号。通常，一次长闪的用时等于三次短闪总时长。

◆ 11.4 照明设备

至于具体的照明设备，我建议除了主光源手电筒，再携带一个非常小型的灯，以及一个备用光源。

主要照明设备：LED 头灯

准备一个 LED 头灯作为 BOB 主要照明设备，不用再考虑其他的了。它最大的优势就是可以解放双手。除此之外，它非常轻巧，LED 照明续航也非常持久，有的甚至只有几十克重。市面上 LED 头灯的种类和价格极其丰富。不论多少预算，你都能找到适合自己的。

头灯可以为一般的野外作业提供充足的光源，例如搭帐篷、做饭以及赶路。它是几乎完美的 BOB 照明设备：小巧、轻便、明亮、续航久。

两种非常不错的备用照明设备

迷你镁光 LED 手电筒

这是一个完美的 BOB 备用光源。下面列出了一些我喜爱它的原因：

- 坚固耐用
- 防水
- 小体积，高强光
- 袖珍
- 轻便

轻型 LED 头灯：Black Diamond ION

迷你手电筒

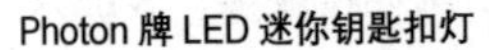
Photon 牌 LED 迷你钥匙扣灯

用 Photon 灯当作拉链牌

电池续航久

手电筒把手内藏有备用灯泡

我在多次夜间露营中都只携带了这款手电筒，它是可靠的好工具。

迷你 LED 钥匙扣灯

对于它如此袖珍的体形来说，这款手电的亮度出人意料。价格也很便宜，只需要5美元。如果你是一位极简主义者，这款钥匙扣灯会很适合你。它可以挂在拉链上，或者塞进任何角落里。我就将它挂在一个小工具包当拉链头用。钥匙扣灯非常坚固耐用。我选购的是 Photon 牌扣灯，有防撞击灯泡，灯光在1英里（1.6千米）外也可以看见。

◆ 11.5 辅助光源

虽然下面的这些辅助光源都不是必需的，但它们的体积小，重量轻，在某些逃生、救援场景中可以发挥特有的作用。所以我把它们纳入我的推荐清单。

蜡烛

各种蜡烛都可以用。我用的是直径2.5厘米、高10厘米的蜡烛，它的品牌就叫“9小时蜡烛”。这是专门为户外生存设计的蜡烛，可以持续稳定地燃烧9小时。

9小时蜡烛

蜡烛可以为营地或者庇护所提供照明，也可以在条件不够好的情况下生火。如果你发现携带的引火物受潮了，你可以用蜡烛把它烤干。这是一个非常有效的生火以及节约引火物的方式。在小型封闭的

荧光棒

系有36英寸降落伞绳的荧光棒

荧光棒求救信号

你可以将所有照明的设备放在手里

庇护所里，蜡烛同样可以作为热源提升温度。尤其是在寒冷的雪洞中时特别管用。

荧光棒

那种一折就亮的荧光棒一般可以持续点亮2 ~ 4个小时，挂在庇护所或者帐篷顶部，它就是理想的顶灯。荧光棒同样可以在夜间作为非常有辨识度的信号灯。一个好的可视的救援信号灯应该有这两个特性：一是动态的，二是在周围环境中具有辨识度。这个可以通过改变荧光灯的形状或者颜色来达到。用荧光灯发信号的最佳途径是将其一端系在一根36英寸（1米左右）的绳子上，面对目标，尽可能快速地甩圆圈。

飞速转动的荧光圈非常独特，在数英里外也能看到。

◆ 11.6 小结

我把自己所有的照明设备都列出来，并没有什么深意，就是让大家看看而已。

一个头灯

一个 Photon 牌钥匙扣灯

一个“9小时”牌的蜡烛

一根荧光棒

它们加在一起的总重也不过200g（7.2盎司），一只手就可以拿上了。

但恰好是这些微不足道的小东西，在灾难来临时可以起到关键作用，它们可以极大地提高你的逃生概率！

第十二章

通信

通信包括很多内容，归根结底，可以总结为这几方面：

发送信息

接收信息

记录信息

导航

一旦遭遇大规模灾难，你就不能再依靠正常的通信服务。“正常”将不复存在，这种情况会持续几小时、几天，甚至几星期。大多数的通信服务都会停摆。手机和有线电话都不能正常使用，本地的收音机和电视也不再广播。数字 GPS 系统也可能终止。当然，你就更别想上互联网了。一场大灾难，会让你和受影响的区域，与世界的其他部分彻底隔离。这会不可避免地带来混乱、惊恐和失序。要想成功熬过后面的混乱日子，你得提前做准备。下面几个关于通信的话题，你在组装自己的 BOB 时要考虑一下。

◆ 12.1 手机

灾难一旦发生，你的手机几乎肯定没法用。或许当地的发射塔坏了，或者手机网络被挤爆。尽管如此，你还是要带个手机，以防万一。按照过去记录的一些灾难情况，幸存者收发文本短信的成功率高于拨打语音电话。即便是偶尔发出去短信，与你的朋友和所爱的人取得联系也是莫大的安慰。虽然成功概率渺茫，若能侥幸通话或收发短信，那就是你最重要的通联，此刻你会觉得手机价值连城。

大多数手机充电一次续航用不了72小时。我建议带个充满电的备用电池，或者一个手摇充电器。市场上有几款价格实惠的手摇充电器，

Sidewinder 手摇式手机充电器

选择合适的适配器，就可以用于几乎所有的手机。我买了图片中这款，在亚马逊上15美元买的。它可以给手机充电，也可以用内置的LED灯应急照明。我的Etón FR300应急收音机（下一节会详细介绍）也有一个手机手摇充电器接口，这是个很棒的内置功能。

若是驾车逃生，记住带个车充。

此外还有太阳能充电器。这东西没太阳的时候就没用，所以别只靠它来充电。即便是通常晴朗的环境，灾难情况下也可能遮蔽阳光。

12.2 应急无线电台

应急无线电台是你的BOB中的好东西。逃生途中，它可能是你接收新闻消息的唯一途径。了解灾难的最新状况，可以帮你调整旅程、规划线路。无线电台里的最新消息可以提供各种信息：哪里安全？哪里危险？以及救援地点、物资供应计划、即将到来的威胁。

Etón FR300 多用途应急无线电台

应急无线电台种类繁多。上图所示是伊顿公司（etoncorp.com）生产的，有一个内置手摇手机充电器和 LED 闪光灯。如果无线电台的电池以及内置电池包都耗尽了，手摇发电机就可以给无线电台供电。还有一些功能选项较少的小型应急无线电台。在我看来，手摇供电是必需的功能。

选应急无线电台，要选带 NOAA 气象广播的型号。国家气象广播（NWR）是由国家海洋大气管理局（NOAA）提供的公众服务，NOAA 通过覆盖美国大部分地区的一千多个发射塔台，24 小时播报天气预警、警报、灾难信息。即便当地的无线电台广播电台和电视台没有播音，你也可以收听到 NOAA 信号。所以必须选用这种特殊的无线电台，以便接收 NOAA 信号。通常有这种功能的应急收音机都会清楚地标注气象电台波段。

除了提供来自国家气象部门的气象信息，国家气象广播电台也发布各种与灾难相关的信息，它们与其他政府部门合作，比如联邦应急管理局（FEMA）和应急警报系统（EAS），包括州和地方的紧急情况、危害、环境威胁，甚至安珀紧急通告（Amber alerts，寻找失踪儿童的通告系统）。每个州都有自己的应急警报系统，要熟悉本州的EAS政策和计划。这些信息你可以在FCC的网站找到。网址是www.fcc.gov/encyclopedia/state-eas-plans-and-chairs.

◆ 12.3 重要文件

我原来想用一整章的篇幅来讲述逃生时如何携带重要文件，以及这样做的原因。处理这些文件虽然很无聊，但是很重要，你无论如何要装在逃生背包，切勿大意。

既然你已经开始逃生，就要做好这样的心理准备：你的房子可能被摧毁，或者被洗劫一空。很遗憾我总是讲悲观的事，但是灾难中的现实就是这样，这两种情况都会发生。很不幸，你留在身后的房子不仅遭受

放在防水地图袋里面的重要文件

灾害的“恩典”，更有趁火打劫的人垂青。这是新闻报道很少展示的情况。你要未雨绸缪，把重要的个人文件整理在一个文件夹里。

一旦尘埃落定，百废待兴，你要回归到正常的生活，这些文件就必不可少。在逃生途中，这些文件也极其有用。有关部门可能会要求你出示身份证明或其他文件，逃离途中，想必你不希望因为这些方面的纰漏而耽误时间。不要因为护照、驾照之类的小问题耽搁你的行程。若是发生公共卫生紧急状况，检查站十有八九会要你出示医疗档案。总之，你有千百个理由去准备自己的“生存文件夹”(Survival Document Portfolio，SDP)，放在你的 BOB 中。

下面列表中的这些文件若是损坏了，补办起来会非常困难、费时、费钱。获取副本或重办，可能需要几个星期甚至几个月，直接影响你灾难发生后快速高效反应的能力。提前弄好你的 SDP，好好保管，以后可以少一大堆头疼事，也省下一笔钱。

身份证明文件

下面是可能需要的身份证明材料：

驾照

出生证明

社会保障卡

护照

军人证

结婚证

保险证明

在逃生期间和逃生之后，能够提供保险证明是非常重要的。这些文件应该包含账号和联系方式。你的保险文件可能包括：

财产保险

汽车保险

人寿保险

租赁保险

医疗文件

发生医疗或公共卫生灾难时，携带合适的、最近的医疗文件可以让你的生活便利很多。下面是最重要的医疗相关文件：

健康保险卡

免疫接种记录

处方药清单

残疾相关文件

过敏信息

遗嘱

防火保险柜中的 SDP 和现金

财务文件

灾后流离失所的时刻，财务证明可以给你带来极大的帮助，你若有这些账号和联系方式，会大有用途。

银行账号

信用卡

贷款账户

按揭

文件安全

即便你并没有准备逃生，整理文件、妥善保存也是个好习惯。先放在鞋盒里再藏在柜子中，这是不够的。花点钱买个高质量的防火防水、可以固定在墙和地板上的保险箱——最好固定在你家的水泥地基上。我把自己的 SDP 放在保险箱，还加了个地图防水套。

类似的地图袋可以在野营用品店或户外店的皮划艇专区找到。这些地图袋比普通的密封袋更大、更结实。

我不会把 SDP 常年放在 BOB 里，这东西只在逃生的时候才拿出来添加到 BOB 中。在照片中，你或许注意到我把现金也放在 SDP 中。

◆ 12.4 现金

当飓风在你身后肆虐的时候，你别指望离开市镇的时候顺路去 ATM 自动提款机。首先，所有“没有准备”的人都会不约而同去做这事，大家都得排队。其次，ATM 也可能罢工。更别去想银行的保管箱。正确做法是：把你的现金放在 BOB 中！

至少带上五百美元，若有一千更好。这些现金应该是小面值的，一块、五块、十块，以及几张二十的。把现金和SDP一起放在你的保险箱。逃生时，把现金取出来，分开放在身上五个不同的地方。必须花钱时，注意别把钱都拿出来。逃生沿途，当然要用到钱。带上一把25美分的硬币也是好主意，你在一些时候可能用到硬币，比如自动售货机或投币电话。

◆ 12.5 区域地图

知道你要去的地方是一回事，灾难之后走到那个地方是另一回事。灾难向来会摧毁道路，或堵塞道路。即使道路尚未毁坏，也会被急着逃生的车辆堵死。要从灾区找到正确路径逃离，是充满挫折而艰难的经历。

千万要记住：别太依赖GPS导航仪和智能手机给你选路线。十有八九是哪条路都走不通。你还记得有一种古老的东西叫地图吗？对，

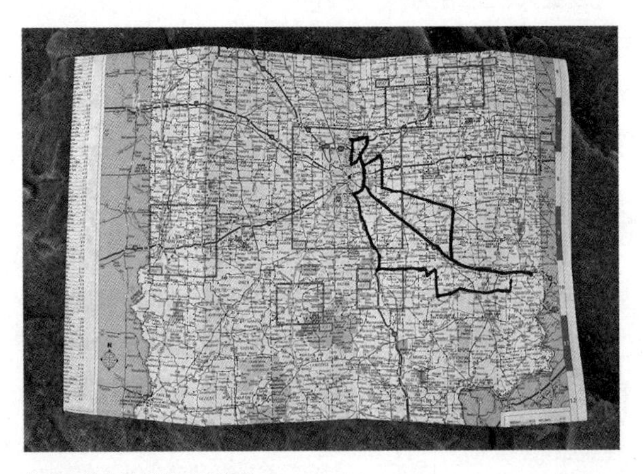

标出了逃生路线的区域地图

就买一张本地的地图，放在你的 BOB。

从你家到逃生目的地的道路，至少要在地图上标出三条。要预备道路堵塞的临时应变方案。路不通就要赶紧换，否则你堵在路上一年也到不了。

◆ 12.6 指南针

任何一个逃生者，都应该有一个可靠的指南针。BOB 背包里要放一个。我的指南针是一个陈旧的童子军款，用了二十年了。

◆ 12.7 对讲机

我个人不带对讲机，它们也不是必需品。不过，如果你是一个大家庭或一个团队一起逃生，那就值得考虑。有时你们必须分头活动，这时候对讲机就太有用了。总之，你若觉得用得上，就带上一套。

指南针

对讲机

◆ 12.8 记事本和铅笔

记录重要信息和留言也是通信的重要方面。这两件事在逃生场景中都会用到。有一家叫Rite in the Rain的公司，做了一种非常别致的全气候纸，不仅防水，笔画也很清晰。这种纸在世界各地得到广泛应用，适合在各种气候中记录重要的现场数据。我买了一本他们的10厘米 × 15厘米（4英寸 × 6英寸）的笔记本，放在BOB中。我把铅笔截半根，装在笔记本上面的螺旋形装订扣里面。建议你也可以这样做。

防水笔记本

◆ 12.9 信号工具

逃生时刻，可以发信号求救极其重要。在BOB背包的通信套装里，不能没有发信号的装备。在2011年的日本东北大地震中，一名日本男子随着他的屋顶被海啸冲到11英里（约18千米）之外的海面。幸好，他最终被发现了。他当时若是有发信号工具，就可以缩短在海上漂流的时间。我在前面章节强调过几种发信号的办法，包括：

信号镜（第八章）

救生毯信号（第八章）

手电筒（第十一章）

荧光棒（第十一章）

烟火信号（第七章）

除了这些，我还建议带上一个小哨子。我用的是Fox 40款，可以在fox40world.com买到。这哨子的材质是聚碳酸酯，防水防锈，结实耐用。它没有可以拆卸的部件，所以不担心移动部件卡住或冻住的问题。即便在水底下，也可以吹。120分贝的声音，可以在几英里之外听到。

吹哨子求救远比你自己的嗓门有用。你再怎么尖叫，也不能像哨声那么响亮、传得那么远。吹哨子也比你尖叫省力。

◆ 12.10 小结

这一章是关于发送和接收信息的。无论是提供身份文件、记录紧急数据，还是收听灾难广播，关键点都一样：你要有交换信息的能力。手头总得有几样工具，用来收发信息。

第十三章

防御与自卫

要想领会本章的内容，你要换一种心态。你要想象自己置身于真实的灾难逃生场景，必须身临其境。全家人惊恐不安，你们正要找个安全的栖身之处。交通彻底瘫痪，你们不得不放弃车辆，徒步走向目的地。晨曦之中，你看到三四个身影从后面向你们全家迅速逼近。你心头一紧，本能觉得这绝非好事。或许他们只是要拿走你的食物、水和其他逃生装备，那算是最好的后果。他们的做法通常是把你们全部打昏过去，把一切都拿走，让你们自生自灭。无论如何，你只有30秒的时间，作出生死攸关的决定。

我没有发疯，也不是给你编故事。这种场景，发生在任何国家、任何社区的每一场灾难中。本书一开始，我就说过这本书是打造一个完整逃生背包的完整指南。本章内容会让一些人感到不适，但是若给你一个半成品，我会于心不安。离开自卫，逃生背包就不完整。

◆ 13.1 丑陋的真相

灾难会带来恐怖的后果，无论是人、城市、区域，都陷于难以想象的状况。每当灾难发生，我的美国同胞总能慷慨地帮助灾民，这让人很欣慰。从这方面看，灾难可以激发人性中最善良的一面。有人捐钱，有人出力，遭受惨重损失的人们后面总会聚集一群援助他们的人，真令人感动。这些感人事迹，会在灾后的新闻中轮番报道，长达数月。

不幸的是：世上并非所有人都这样无私地去帮助那些受难的兄弟姊妹。对有些人而言，灾难只会激发他们作恶。混乱无序中，歹徒趁火打劫。他们抢劫、掠夺、施暴、强奸，让受害者雪上加霜。负面事件很少会被新闻报道，所以人们常常意识不到这些潜在的威胁。这是灾难中最黑暗的一面，源于自私、贪婪，或许还有绝望。

大规模灾害经常摧毁公共安全的日常运转——至少短时间无法恢复。就在这段时间，会发生最暴力的犯罪事件。你必须时刻准备与歹徒或团伙战斗，以保护自己和家人。无论是否愿意，你若不严肃面对这个问题，就太天真愚蠢了——尤其是当你和妇女、小孩一起逃生时。

◆ 13.2 自卫的精神方面

自卫是敏感话题。我不是自卫或使用致命武器方面的法律专家，但是我知道正当防卫和蓄意谋杀、过失杀人、故意杀人之间只有一线之差。按照法律，你只能对与你的武力相当并带有致命可能的攻击进行回应。

我知道自己会以何种方式保护自己和家人。但是你不是我，每个人的容忍度、限度、道德和边界都不一样，所以我不会告诉你遇到威胁时应该怎么做，那是你自己的事情。我只能提供一些自卫指南，列出一些我认为实用的适合放在 BOB 的自卫工具。至于如何利用这些信息，要你自己做决定。

底线

你只能在一种情况下使用致命武力进行自卫：你和家人正遭受来自他人的行为攻击，这种行为是确定的、不可避免的，并且会导致伤害或死亡。你所使用的手段，必须是最后的、别无选择的。这个国家的法律、你们州的法律，无论在灾难前、灾难中、灾难后，都一直适用。

◆ 13.3 退避

最好的自卫，是退避。采取各种预防措施，以避免对抗。遇到危险、冲突、各种可疑情况，能躲就躲，能逃就逃。

在发生冲突的时候，试图“证明自己”是绝无好处的。对抗是双输场面，绝无赢家。

下面就是退避的小贴士和基本守则，让你尽量避免被迫自卫。

把你的自我和自尊扔一边去，这里没有它们的位置。想证明你自己，只会让你陷入困境，谦卑才是正道。

多观察，少表现。

不要招摇你的工具和物资。举止要低调。

若非万不得已，绝不单独出行。人多更安全。

永远不要设想任何东西。依照事实来做决定。

不要盲从第六感就去行动。

对每个人都要怀疑。

不要相信任何人。

上面这些守则听起来近似疑虑偏执狂，那又有什么关系呢。在没有法律的大混乱中，谨小慎微，如履薄冰，这才是合适的。让你的生存本能代你做决定吧。下面这些词，是用来描述退避的精神状态的：

沉着

机警

缜密

适应

有条理

清醒

谨慎

谦卑

你和他人，是一个微妙的综合体，你只是其中一方。你可以控制自己，但不能控制别人。冲突有时候不可避免。一旦面临冲突，你就得知道一些自卫手段。这些手段，你要事先有准备。各种工具，也要随手可以拿到。正如其他逃生技能一样，通过培训、练习、应用，就能大大提高胜算。

◆ 13.4 自卫手段

你自己的身体

若是训练有素，你的身体可以变成有效的自卫武器。我坚决支持你去上一个当地的防身术培训课，或者参加定期训练的防身训练班。掌握如何有效击打特定的目标，这需要培训和经验。一招制敌并非靠运气，而要有策略，有目的。若是施展得法，对准咽喉、下裆、膝盖的一记有力击打，可以当场放倒敌手。若有可能，尽量在对方不设防的时候突然出手，主动攻击。反击是对已经发生的事作反应，而攻击是在事件发生之前。所以攻击比反击更有效。攻击也更容易控制，击打更准确。

无论自卫或退避，若非迫不得已，绝不要走到徒手肉搏这最后一步。徒手搏击极其冒失而危险。若是你的对手挥舞武器，或者对方人多，你基本上毫无胜算。徒手自卫术极其重要，理当作为你灾难准备训练计划之中。但是，你若把它当作唯一的防身术，那就是误入歧途、愚不可及、很傻很天真。

我不喜欢暴力，也不宽容暴力。但是也有例外：为了保护自己和家人免受伤害，我不放弃暴力。你必须在你的 BOB 里装上自卫武器。

辣椒喷射器（防狼喷雾）

军队、警察、职业保安都配备辣椒喷射器，这是有道理的 —— 因为它真的管用。我选了一管 Cold Steel Inferno 喷射剂，我把 Velcro 黏胶带缠在罐的侧面上，另一条 Velcro 带子放在 BOB 有衬垫的肩带部位，这样可以把喷射罐固定住，又便于拿到。取下罐的时间少于两秒。

下面是喷射器的选购指南和使用技巧：

选购含有活性“辣椒油性树脂”的喷射剂。这种辣椒油性树脂是从辣椒中提取的，对眼睛、呼吸道、肺部有极其强烈的刺激性。要选辣椒油性树脂含量5% ~ 8%的喷雾剂。喷射剂的强度指标是按照是史高维尔辣素指标（Scoville Heat Units，SHU）。我的辣椒喷射剂SHU 值是2000000，这个强度的就够用了。

买射流式的，而不是喷雾式的。射流式喷得远，户外使用效果好。喷雾式从阻止效力看效果好，因为能更好地释放活性成分，造成强烈刺激。但是它们很容易受风力

防狼喷雾

将防狼喷雾固定在背包肩带上

和风向影响，所以对于灾难逃生，我建议选射流式。从整体效用看，我把泡沫式也归类为射流式，因为它射得又直又快。我的喷射器就是泡沫的，泡沫碰到就消散。喷完就撤！别停下来看。喷雾的目的是让攻击者失去方向、失去战斗力足够长的时间，让你有时间逃跑。喷向攻击者，确认直接喷到了，立即撤走，只要是品质过得去的辣椒喷射器都会让你有足够的时间安全逃离。

喷射器在50个州都是合法的，但是有些州加了一些限制。一定要参照你所在州的法律，确定你可以购买哪些类型的喷射器，了解使用规定。你可以在这个网站上了解各州的相关法律，并购买 Cold Steel Inferno 喷射器——www.coldsteel.com/pepper-spray.html.

生存刀

还记得第十章生存刀的内容吗？这种刀是很好的自卫武器。当然，这里是指贴身近距离徒手格斗。即便受过训练，用小刀自卫也是危险的。最显然的危险，是你的刀子可能会被对方夺走。攻击你的歹徒通常不会先提醒你以示公平，他们会像野兽捕猎一样悄悄行动，突然攻击，让猎物来不及反击。这种情况下，你能够拔出刀来自卫的机会很少。即便如此，它依然是一种有效的自卫武器，值得提一下。

生存刀

你若打电话去问当地开班传授防身术的机构，顺便问一下他们是否也教刀术课。你应该考虑这方面的训练。

砍刀和其他可以击远的工具

几个世纪以来，砍刀在世界各地都被当作自卫武器。如果你在BOB里准备一把砍刀，不仅可具有威慑力，也可以有效阻止攻击者靠近。既可放长击远，又有强悍劈砍力，这是夺命组合。我承认，这话听起来挺有电影《狂暴的麦克斯》(*Mad Max*)风格。我若是伺机下手的歹徒，只要还有别的目标，绝不会招惹带砍刀的家伙。你呢?

很多工具也可以用作不错的自卫武器。我列举一些：

锤子

管子

链条

棒球棍

撬棍

斧头

任何东西，只要可以挥、刺、掷、剁、砍、撞、捶、铲、劈、掼、抽、砸，都可以用来当自卫武器。不过你要记住：这些东西也可能会被

逃生背包中的弯刀

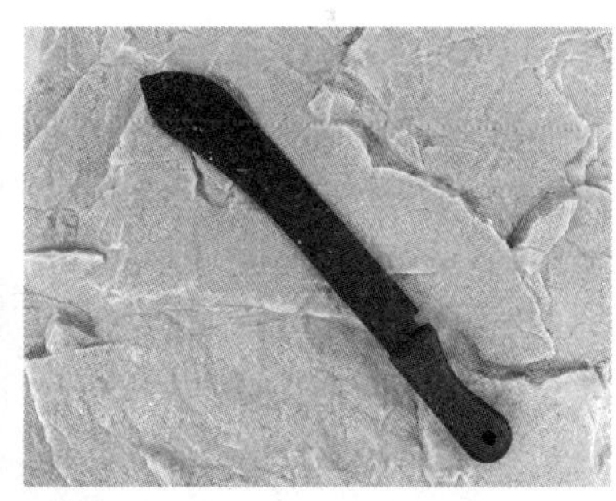

冷钢弯刀

蛮力夺走，用来对付你。

◆ 13.5 小结

记住，最好的自我防卫就是退避。运用你的聪明才智来使你与家人远离危险吧。

第十四章

其他物品

本章介绍的物品，都是那些不易归入前面11类的。考虑到体积和重量，携带有些物品是太奢侈了，但是有些物品还是必要的。在每段介绍中，我会指出其重要性。

◆ 14.1 密封袋

密封袋是非常有用的灾难生存工具。它的用途甚多。紧要关头也可以用作储水和携带水的工具。

密封袋有很好的防水效果，可以保护BOB背包里容易受潮的物品。比如急救物品、引火物。对于需要保护的物品，我总是套上两层密封袋，多一层保护。我在BOB背包里也装三四个1加仑（约3.5升）规格的袋子备用。

◆ 14.2 优质的垃圾袋

在第二章提到过，55加仑（约0.2立方米）的优质垃圾袋可以用于与生存相关的各种任务。下面我简要介绍一下它的常见用途。若是装得下，就在背包里放两个。

储存垃圾，用完就扔

逃生背包的防水内衬

地布

雨披

漂浮设备

庇护所的顶棚

求援信号

装水 / 集水

◆ 14.3 N95防尘口罩

N95是一个国家认证的表示口罩滤除0.3微米以上颗粒的指标。很多厂家都生产符合N95标准的口罩。选防尘口罩时，记住一点：重要的是指标，而不是品牌。

美国疾控中心（CDC）推荐用N95口罩来防止空气传播病毒，比如H1N1。口罩拦阻了原本可能被吸入的颗粒、细菌、病毒。我可以想到很多需要N95口罩的场景：

火山爆发会有飘散的尘、烟、灰、屑

恐怖袭击、核袭击、轰炸引起的烟、灰、屑、尘

流行病、普通疾病、致死率极高的瘟疫

野火燃烧的烟尘

使用N95口罩时，要注意这些要点，以确保效果：

密封要严密：紧贴脸，确保密封。鼻梁上的铝条形状要调整到贴合鼻子的轮廓。若是胡须太浓密，会影响密封效果。

呼气阀：在照片里，这个阀门就是口罩中间塑料小方块。

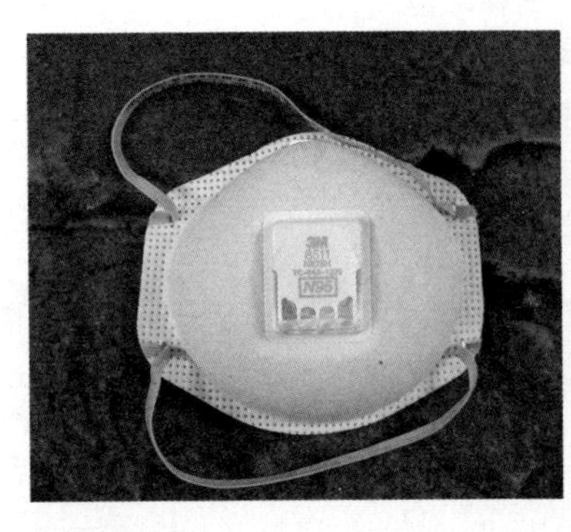

N95防尘口罩

用口罩当作粗过滤器

呼气阀可以让二氧化碳和水汽快速呼出，避免湿气堵塞口罩纤维，也可以避免呼吸时眼镜结雾。

N95防尘口罩也可以作为粗滤器，以滤除水中的漂浮颗粒。

◆ 14.4 550伞绳

550表示这种绳子可以承受550磅的拉力。真正的军用标准伞绳包括七股芯线和一个编织的尼龙保护外层。这7股芯线，每条的抗拉强度是35磅。而每股芯线实际上也是由两束缠绕拧成的。所以1条伞绳可以拆解为15条分离的细绳——14束芯线，加1条编织的外皮。所以若是需要，1条10英尺的伞绳可以相当于150英尺。

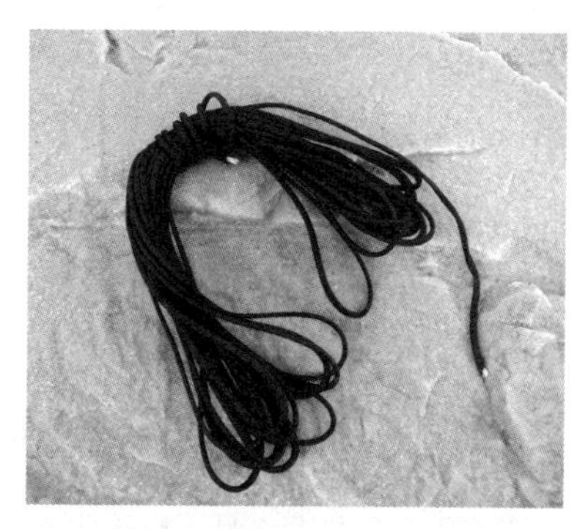

10码的550降落伞伞绳

550伞绳具有多功能性和高强度，成为灾难准备者和生存主义者最普遍使用的绳子。它可以应用于千变万化的生存相关项目。下面是

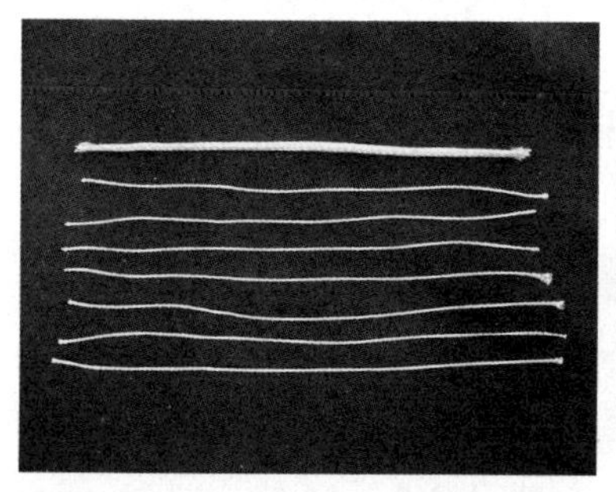

1根伞绳可以分成7股绳子和外部的尼龙护套

7股绳子又可以一分为二，变成14股

一个简单列表：

搭建庇护所

设陷阱

修补

钓鱼线

紧急爬绳索

腰带

我建议至少携带50英尺（约15米）的550伞绳。我带二百英尺，裁剪成便于使用的长度：

5英尺（约1.5米）：2条

10英尺（约3米）：10条

20英尺（约6米）：2条

50英尺（约15米）：1条

◆ 14.5 双筒或单筒望远镜

这些当然是奢侈品。但是如果你的逃生背包还有空间，带上它还是很有用的。看得更远会给你带来一些好处，尤其是这几方面：

躲避威胁

提前察看前方逃生地点是否安全

寻找救援或帮助

寻找最佳路线

从远处观察人群

阅读指示牌

跟上队友

用望远镜看地平线

钓鱼用具

◆ 14.6 小渔具包

你已经准备了72小时的食品，所以这不是必需品。不过小型渔具可以放在极小的盒子里，重量很轻，依我之见，值得带上它。

渔具应该包括这些东西：

30 ~ 50英尺（9 ~ 12米）的30磅钓鱼线

3 ~ 5个不同规格的钓钩

3 ~ 5个铅坠

我把钓具放在药店买的一个铝制药片盒里。

◆ 14.7 小针线包 / 修补包

针线包几乎没有重量，路上缝补衣物和装备很有用。针线也可以用来应急缝合伤口。我从当地的布店买到，放在胶卷盒里。其中有这些物品：

各种线

2根缝衣针

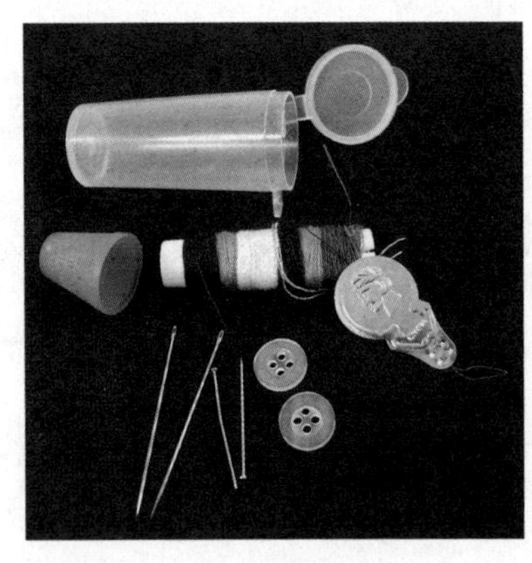
针线盒

2枚大头针

纽扣

1个穿针器

1个顶针

我还加了五英尺（约1.5米）的上蜡牙线，这种线特别结实，可以修补需要特别耐用的东西，比如背包背带或防水布裂口。

◆ 14.8 橡胶管

我在第三章提到过这东西。有些泵式滤水器带有橡皮管，你也可以把这些橡皮管做别的用途。如果你没有自带橡皮管的滤水器，那就带一条36英寸（约1米）的外科乳胶管。它有许多求生用途，诸如：

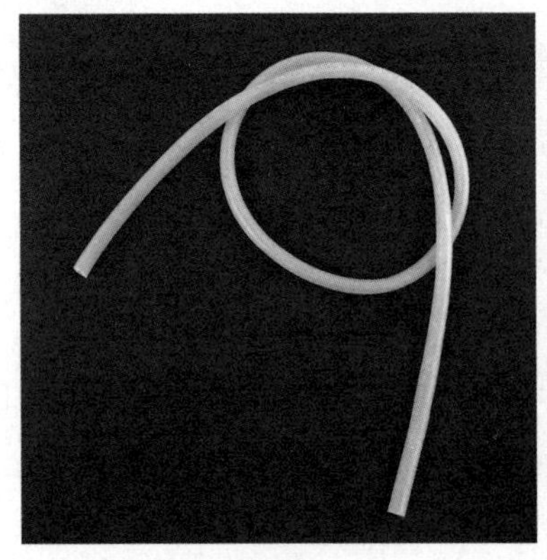
36英寸长的外科用橡胶软管

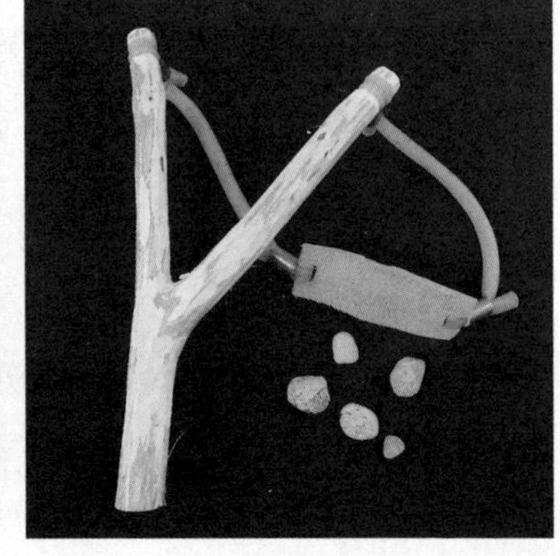
用外科手术管可以制作弹弓

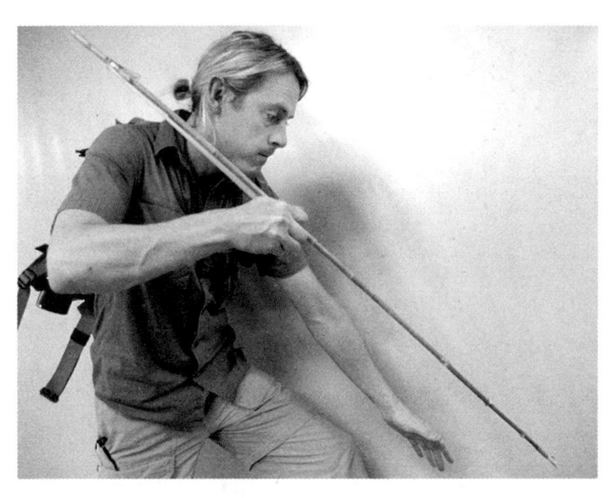

用外科手术管制作的夏威夷鱼叉

止血带

虹吸管

从够不到的地方吸水，当吸管用

临时弹弓

临时鱼叉发射器

◆ 14.9 管道胶带

这东西我在第三章提到过。我在 Nalgene 水壶上缠了大约 5 米的管道胶带，也缠在其他物品上作为储存。胶带不嫌多。比如我还在打火机和 Mora 840 刀鞘上缠了很多。

需要的时候，这些东西上有 25 英尺（约 8 米）的胶带可用。胶带的用途不计其数，只要你脑袋够聪明。我在视频和照片看到有些家伙用胶带做小船和救生艇。还有些更实际的值得注意的用途：

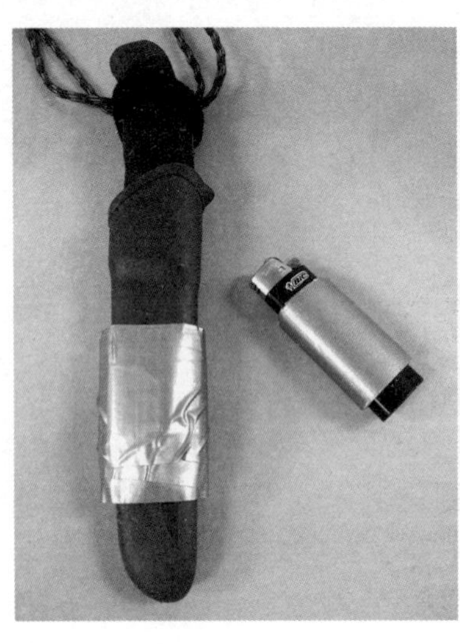

用胶带缠绕的打火机和刀鞘

急救绷带

绳索

修补装备、衣服和鞋子

临时的应急储水器

◆ 14.10 太阳镜

除了可以防晒伤，你的太阳镜也可以兼作安全防护镜。特别注意保护你的眼睛，尤其是你没法去医院，也得不到治疗的时候。眼睛一旦受伤，会让你的逃生计划彻底完蛋。买一副便宜的太阳镜并配一条颈绳，以免意外事故带来损失。

◆ 14.11 两条头巾

头巾之类简单便宜的东西，却能在灾难求生中有大用处。头巾用途不下百种。它们轻而便携 —— 可以塞到背包最小的缝隙里。我建议在 BOB 里带两条头巾，它们可以派上这些用场：

面罩

防烫垫

沿途信号标记

绳索 —— 割成条，连在一起

滤水的粗滤网

急救绷带

手帕当作防热手套

用来标记号的手帕条

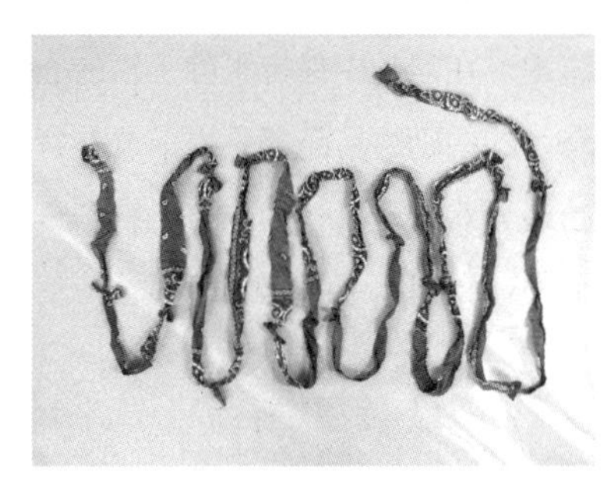

布条拴在一起可以做成6米长的绳索

覆盖食物的手帕

做饭时，盖住食物

◆ 14.12 励志物品

我做的每个逃生背包里，都包括励志物品。士气低落时，它们可以激励你前行。励志物品可以是任何对你有意义的东西——艰难中给你力量，敦促你前行，提醒你人生值得拼搏。励志物品因人而异，可以是家庭合影，女友或男友照片，也可以是有意义的小饰品，或者宗教物品。我带了钦定版《圣经》，和一张好玩的家庭照片。这两样东西激励我，

激励着我前进的物品

让我永不放弃。

对于儿童来说，玩具、小饰品、毛绒动物玩偶都很有用。只要能让他们从灾难的现实中转移，那就是有好处的。对小孩子而言，习以为常的快乐，就代表着希望、安慰和正常的生活。甚至对于青少年，这些小玩意儿也可以舒缓精神压力，在混乱中保持平静正常的心态。这些励志用品都要提前放在背包里，别指望逃生时匆匆忙忙可以收拾最喜欢的玩具。如果孩子特别喜欢某个玩具，买个一样的放在孩子的 BOB 背包里，可以随时出发。

◆ 14.13 小结

当你打包大堆物品，要做好判断。你必须根据背包空间的大小和你自己的负重能力来决定。有些东西不可避免地会落选，这很正常。在附录中有一个清单，清单中的各种物品是按照重要程度排序的。

如果你的背包空间局促，或者重量接近你的体能极限，那就按照清单，从最底下开始往上删减。

第十五章

带宠物一起逃生

第六章

[illegible]北的一场[illegible]

一位兽医朋友跟我说，至少30％的美国家庭养猫或狗。若是加上其他的宠物，则60％以上的家庭都有宠物。所以本章对许多读者还是有用的。你的宠物能否在灾难逃生中幸存，很大程度取决你是否提前为它做准备。你若准备带上宠物一起逃生，组装 BOB 的时候要为它们留下空间。当你被迫逃生时，带上许多宠物并不实际。这是许多宠物主人面临的真实人生，也是悲伤的现实。你要提前做决定，当灾难降临时，你已经知道要不要带宠物，以及带哪些宠物。危机中，你没有时间犹豫，也没有时间深思熟虑。

做出决定后，BOB 中关于宠物的部分就可以参照下面注意事项。它们的基本生存需求与人类没啥大区别，无非是食物、水、庇护所三个主要方面。

◆ 15.1 水

与人类类似，动物每日需水量与体形、重量、物种以及所处的环境有关。一个最好的经验判断方法是：你渴的时候，宠物大概也渴了。不要误以为宠物喝了有病原体（比如鞭毛虫）的水不会生病、呕吐或腹泻，尤其是那些被庇护得很好、只吃室内食物的宠物。不幸的是：在世界上大多数地区，人类和家养动物可以无忧无虑饮用大自然水源的好日子已经一去不复返。喝自然界的水当然是有风险的，即便是宠物也一样。如果我有宠物，我可能还会让它们喝自然界的水，但是这只是我的个人选择。

动物们并不擅长在水壶（比如 Nalgene 水瓶）喝水，这样做只会浪费水。我花了15美元，买了个 Granite Gear 生产的折叠水盆，这是给

Granite Gear 折叠水盆

放在密封袋里来保证干燥的宠物食品

宠物喝水的好东西。

◆ 15.2 食物

除了水，你还得给宠物带足够的食物。宠物食物的选用原则，跟你自己的食物差不多：轻，便于携带，放在防水容器里。我建议宠物食品分装在3个密封袋里，并确定够它吃72小时。

◆ 15.3 医疗

如果你的宠物需要医疗，也得按需带上相关物品：药片、滴管、注射器等。这些东西要与你自己的急救包和卫生包分开，单独做个套装。

◆ 15.4 牵绳和口套

有些宠物好奇，有些胆小，在混乱的灾难环境中，要想让它乖乖跟着你，就得有绳子牵着。有时候不得不徒步走路，牵绳就尤为重要。若

从市区逃生期间须用皮带拴住小型犬

是没有条件，你也可以用第十四章介绍的伞绳做一条简单的牵绳。

如果你的狗容易咬人，就得备个口套。人群之中，狗若是咬了别人，那就糟透了。

◆ 15.5 让宠物自己背包

许多动物可以自己背它的逃生用品。有些经过训练的狗，可以用特殊设计的驮包式的狗用背包帮残疾主人运东西。我就见过很多次。这方法也可以用于逃生场景，只要你的宠物有这个能力，你又为它事先准备好背包就可以。即便是体形不大的狗，也可以配个小包。

当然，这种办法更适合于大中型犬，或家畜。比如说山羊就是驮货好手，可以背负自身体重四分之一的重量。很多“背包山羊”爱好者，就经常在数日的乡村旅行中用山羊驮东西。这张照片里的家伙叫查理 · 詹宁思，跟他在一起的是买自 Carolyn Eddy 牧场的山羊，羊身上

准备好逃生的猎犬

山羊可以背负较重的物品，图片来自北美山羊驮运协会

的装备是Eagle Creek牌驮包。

15.6 文件/证件

你要带上宠物的相关文件和身份证件。你的宠物需要一个写着你联系方式和狂犬疫苗接种标签的项圈狗牌，还要携带疫苗接种记录，证明你的宠物在过去12个月内打过规定的疫苗。这些文件可以让你在过检查站的时候顺利通过。

15.7 小结

我经常跟我兄弟开玩笑说，他是把两条迷你杜宾犬当亲生孩子养。灾难逃生时，这可是当真的。如果你带宠物走，就得事先做好准备。要尽量让它们可以“自给自足”。

第十六章

BOB 的组织与管理

前面我们讨论了逃生背包应该包括哪些东西，现在该讨论逃生背包怎样打包了。从里到外，每一个步骤都应该有条不紊、精心安排。任何东西都不能随随便便放进去。选物要目的明确，组织物品要思路清晰。

灾难逃生时，没时间让你在满背包乱糟糟的物品里“挖掘”，你必须转眼间就可以在背包里找到你要的东西。杂乱无章的背包容易让你丢东西。各种物品会散乱、掉落、遗失。

BOB 背包里的物品要及时更新。不要逃生时才发现背包里一大堆变质的食物和过季的衣服。要有定期维护计划，以便在一年的任何时候都随时可用。

下面是我打包 BOB 的一些基本指南。

◆ 16.1 防水

正如我在本书开头提到的，我首先放进 BOB 的是一个55加仑（约208升）的工业级别的垃圾袋。虽然我的背包有一点防水功能，但是我不会冒险让雨水打湿我的生命补给。当我把所有东西打包后，我把垃圾袋口收拢，用550伞绳扎紧。

将垃圾袋口折叠，并用伞绳系住

◆ 16.2 分类存放

我在之前的章节中提到过分类存放的重要性。除少数物品外，我会

标记并分装好的物品

把每个类别的装备物品放在独立的“套装”内。分门别类让你容易快速找到东西，也便于在光线不好的时候靠触摸找到相应的分类套装。我一般用颜色和标签来标识不同的分类。

◆ 16.3 打包物品的组织

打包顺序确实很重要。有些物品需要快速取出，有些东西则没那么着急。我把各类物资分为“紧急”和“非紧急”二类。非紧急的物品先放在背包底部，拿出来会需要费点事。紧急的物品要最后放在上面，这样容易取出。

先放入的物品：

备用衣物

寝具

卫生用品

急救包

杂项

后放入的物品：

庇护设备

水

食物（人和宠物的食物）

点火物品

御寒衣物

最后一组物品我称为“应急物品”。这些东西你要么放在身上，要么放在背包里触手可及的口袋。这些东西要随取随用。

应急物品：

通信工具（除了应急无线电台）

自卫武器

照明设备

工具——尤其是生存刀

雨披

你会体验到按照三步优先顺序法打包的好处，可以避免时间和精力的浪费。

◆ 16.4 每半年检查一次你的 BOB

在前面章节，我提到每半年检查一次的观点。这样做有两个原因：

食物／水：至少每6个月就得更换、补充。宠物食品也一样。

衣物：你若像我一样居住在四季分明的地带，就要在冬季前后增减衣物。

我把食物、水和御寒衣物归类为“后放入的物品”，这样你每年两次检查时便于存取。提前计划好检查时间，最好是节假日或其他重要日子，这样就容易记住。你若生活在冬季漫长地带，劳动节（美国劳动节是9月的第一个星期一）和阵亡烈士纪念日（美国阵亡烈士纪念日是5月的最后一个星期一）就很合适。如果冬季短，不妨按照美国夏令时的日期。不管你选哪个日期，别忘了记在日历上。

即使你很少到户外练习你的生存技能，也可以在每年两次的例行检查来复习。因为你的检查也包括“技能检查”。你可以找个下午练习一下逃生涉及的重要技能，比如生火、搭建庇护所、烹饪。拥有装备不会让你自动精通它的使用，唯有练习才能让你得心应手。

BOB 检查清单

我做了一份详细的 BOB 装备清单，你可以在 betterwaybooks.com/bobinventory 免费下载。把清单和你的背包放在一起，便于你在每年例行检查中过一遍。把每次检查的日期写在清单上，这样你扫一眼就知道应该什么时候换食物和急救装备。

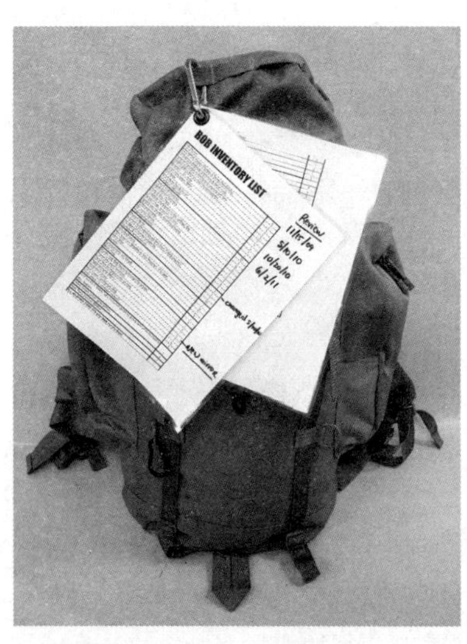

附在背包外的物品清单，方便检查物品

生活状态检查

检查逃生背包，也要顾及你的生活方面的改变。我称为“生活状态检查”。有些生活改变可能会带来影响。

孩子（增加或离开）

结婚或离婚

住址 / 居住环境变化

体重 / 健康 / 医疗情况

新增家庭成员，比如同住的父母或祖父母

宠物（增加或离开）

打包好一个 BOB，扔在那里6个月或更久，你很容易忘记里面有哪些东西。如果要从头到尾过一遍，相当费时。所以我在 BOB 外面挂了个有塑料套的库存详情表，以便快速检查里面的物品而不需要打开整个背包。每次做改变，我只需要用记号笔在详情表上标注。每次做检查或改变时，我也会写上日期。

◆ 16.5 BOB 的存放和维护

在逃生课上，经常有人问我 BOB 应该放在家里什么地方最好。过去几十年里，我有时候住各种公寓，有时候住家里，BOB 存放的地方也各不相同。有一次我住在空间很小的公寓里，我把 BOB 放在沙发旁边的矮凳上。我也曾放在拔下电源插头的旧冰箱里，或壁橱的大衣下面。如今我的 BOB 放在我后门旁边，和各种清洁用品放在一起。所以这问题没有确切的答案。基本规则是：不容易看到，很容易拿到。这东西并不需要向客人显摆。

多年前我住在空间狭小的工作室公寓，我把 BOB 放在洗衣篮里，上面盖了一些脏衣服。有一天下班回家很晚，和平常一样停车在公寓的大门口。我觉得有点异样。我的卡车大灯竟然穿过开着的门，一直照到壁橱里面。显然有人撬门入室盗窃。他们拿走了很多东西：钱，刀子，纪念品……这感觉真是糟透了。不过他们似乎对我的脏衣服不感兴趣，真是太侥幸了。毫无疑问，如果我没有用日常生活用品（洗衣篮和脏衣服）把 BOB 伪装起来，肯定也被偷走了。那时候，逃生背包是我最珍贵的财产之一。这是我永生难忘的一课，希望对你们也有启发。在你组装逃生背包的时候，花费了无数的时间和金钱，要好好保护你的付出。

第十七章

心理和生理准备

你可以花钱购买装备，购买像本书这样的求生指南。但是你不能花钱让你的心理和生理时刻准备好。你同样也不能花钱买到那些只能从实践、磨炼和经验中获取的求生技能。只有那些愿意去花精力武装自己头脑和身体的人，才能保持高水平的准备状态。

的确，生存工具是重中之重，但是只有工具是远远不够的，甚至会让你产生万事俱备的幻觉。筹备好一个 BOB 只是准备工作的开始。你必须让身心也做好逃生计划的准备。

◆ 17.1 心理准备

不管别人怎么说，你永远都不可能百分百地做好应对紧急灾难事件的心理准备。因为日常生活没法模拟灾难出现的真实处境。一般来说，心理准备可以归结为两个基本的原则：

1. 临危不乱，沉着冷静。

2. 知道如何利用手头上的资源完成求生目标。

根据第一条原则，无论你是否可以在危机中保持冷静，都应该有正确的自我判断。如果你缺乏良好的心态，那我建议你和精神强大的好朋友结伴。

心态是天生的，但是第二条原则是掌握在你自己手里的。熟悉 BOB 资源的途径只有一个 —— 实践。生存知识并不是与生俱来的，而是在一次次的反复练习和失误中总结和增进的。即便是世界顶级的生存专家，他们也是在自我训练中成就的。而我是在手把手的课堂教学中积累经验的。哪怕阅读最好的书籍，师从最好的教练，你也必须亲自操练才可能有所长进。

备战备荒为自己，只有真正熟练使用你的 BOB，它在关键时刻才不是摆设。最重要的生存技能是实践技能 —— 而不是非黑即白的理论：

生火

导航

使用绳索和打结

用少量工具准备食物

搭建庇护所

发送有效信号

当你精心准备好你的 BOB 之后，你就应该开始练习你的危机心理应对能力了。任务 + 反复练习 = 技能。头脑是你最宝贵的资源，武装它吧！

◆ 17.2 身体准备

如果头脑是你最宝贵的资源，那么身体就是你最强力的工具。就像机械零件一样，你的身体也需要日常的打磨和保养才能维持在巅峰状态。你是否曾经让你的汽车、割草机或者电锯的发动机躺在车库里落灰？闲置太久，发动机就会老化。哪怕重新启动，它的性能也会大打折扣。身体也是一样的。没有合适的膳食和一定量的锻炼，当你需要紧急逃生的时候，你的身体可能就会“宕机”。

知识和工具在手，并不能弥补身体耐力和力量的不足。很不幸的是，当大多数人认识到健康的重要性的时候，往往是在失去它或者急需它的时候。当你大费心思准备好逃生背包，却发现背不动的时候，那该多么丢脸啊。

下面是一些可以帮你身体保持正常状态的一些基本准则。

日常锻炼

你在逃生的时候可能要背上满满当当的背包走上数公里。如果没有日常的训练，这对你来说将困难重重。体力不支是非常危险的，会延长抵达目的地的进程，对潜在危险反应迟钝。不要成为团队的拖累。日常坚持训练来锻炼你的肌肉和耐力。你可以从报名参加健身房或者找一个私教做起。

饮食

我会残忍地告诉你一个简短而甜蜜的真相：吃啥变啥，吃“垃圾”会变得“垃圾”，吃健康食品也会变得健康。

定期医疗保健

你有没有那种不断反复的小毛病可能在逃生途中烦扰你呢？有没有会让你身体变得虚弱的疾病呢？举一个例子，我在写这本书的过程中，就一直被疝气折磨了几个月。它妨碍我突破我的体能极限。我相信如果遇上极限逃生的情况时，它也会阻止我发挥最佳状态。疝气一般不会危及生命，但也需要治疗和保养。那么你呢？是否也有类似的毛病需要看医生呢？别再拖延了！

◆ 17.3 重点实践练习

所有的竞技活动和体育运动都有一套自己的身心锻炼模式。驯马师、长跑运动员和网球运动员的训练方式就截然不同，棋手与弓箭手之间也天差地别。尽管我在第十九章中提到了30多种实践练习方法，这里精简一下列出6个我认为最重要的。对这6个技能多加练习，不仅可以提高非常时期的存活率，也可以增强你的能力以及对工具得心应手的掌控力。

练习1：生火

用你BOB中的点火装备练习生火。熟悉各种不同的点火工具和火种。

测试你的火堆合格与否，就是看它是否可以把水烧开。将金属水壶放置在火的上方或者一侧，直到把水烧开。下面是一些需要多加练习的生火技能。

在头灯的帮助下，在夜间准备材料、搜集燃料生火。

在雨天后生火，尤其是当地面是湿的时候，练习搭建点火平台，寻找干燥燃料。

练习在天寒地冻的时候生火，你很快就会明白寒冷的天气将如何限制你双手的灵活性。

练习2：准备食物

如果你携带了需要加工的食物，几次练习可以解决炊具上可能出现的一些麻烦。注意以下提示：

练习只用你逃生背包里的物资给你和家人做一顿饭。所有的加热工具都要试一遍，固体燃料炉或者气罐炉等。

找一天晚上，在院子里演练一番逃生晚餐，事后不要忘了用BOB里的物资洗碗和打包。

记录一下需要消耗多少水，尽可能让过程更加简便。

按照上面的步骤练习，但是不要用明火加热你的食物。

如果你对这个练习感兴趣，可以按照“逃生晚餐”的方式进行一次周末野营。这样你就可以充分了解你的食物到底是多了还是少了。

练习3：庇护所

快速安全搭建一个可靠庇护所的能力至关重要。在真实的逃生中，庇护所的一点小失误就可能令你丧命。下面的练习可以让你尽量避免：

搭建主要庇护所。确保你有足够的绳索、地钉等等。脑袋中要先明确你要搭建的庇护所大小。

在头灯的帮助下，在夜间重复练习以上步骤。

若是你的主要庇护所丢失、损坏或者被盗，你要做好用雨披、防水布或者急救毯来搭建备用庇护所的准备。你在 BOB 里备够这些物资了吗？不要担心，这一个技能需要多加练习才能掌握。我多年来有很多次用防水布搭建庇护所的经历，但是还是觉得有细节需要优化。有许多因素都会影响到你的庇护所结构，比如天气状况、林木疏密或者土壤硬度（是岩石还是沙子）。

练习4：去远足

我是个狂热的逃生爱好者，当我第一个 BOB 组装完成的时候，我有点忘乎所以……直到我背着它进行一次10公里的逃生演练。才走1公里，我就明白它必须得改。首先，这个背包在空的时候非常适合我，但是它在装满的时候却令我感到不舒服。其次，它真的太重了。我立刻动手改善我的物资清单，来减小重量和体积。

试着带着你的背包远足5公里。让你的家庭成员也加入你。也可以带上手推车和宠物，进行一次5公里的逃生演练。不要忘了穿上逃生靴。回来以后你就可以根据这

次的经验作出适当调整。

每两个月至少进行一次演练。

练习5：水和净水设备

无论处在何种逃生处境，饮用水都是最重要的生命物资。能够熟练运用你BOB中的净水设备进行水处理非常重要：煮沸、过滤或者化学处理。下面这些重点练习可以帮助你学习和理解净水设备的使用方法：

煮沸：练习用金属容器或者烹饪锅来把水烧开。加热装置或者明火的方式都要试一下。用多功能工具或者皮革手套端着高温容器在火上加热。以下几点需要做记录：

把水烧开需要多久？

容器和火的最佳距离是多少？

火候要多大？

需要多少燃料？

容器合适吗？不合适的话需要换一个。

过滤：首先，在附近的溪流或者池塘里打一点水，并用你的头巾预过滤到你其中一个容器里。记住，你要至少保留一个干净的容器，避免接触脏水。然后用滤水器，将预过滤过的脏水再次过滤到干净的容器里。要确保你在不看说明书的情况下，也会组装、拆卸和保存你的滤水器。

化学处理：牢记化学处理标签上的说明并合规操作。否则可能会腐蚀瓶子，这个需要特别注意。

练习6：自卫

大部分的人都没有自卫的经验。除非你从事一些要求具备近身格斗术的工作（如警察、保安、职业或者业余拳击手、军人），不然你可能从未进行过任何正式的自卫训练。你可以认真考虑报一个线下自卫课程，学习一些基础的技巧，或许可以在遭受袭击的时候派上用场。

我不是让你成为空手道黑带高手，而是让你通过练习熟悉人体，认识弱点，关键的时候懂得如何发挥身体潜能。

◆ 17.4 小结

你的头脑和身体是最为宝贵的逃生资源。它们都需要恰当的、针对性的实践训练，才能时刻准备好应对灾难逃生。

死亡的方式有无数种，但是生命只有一次。按照本书所说的心理和生理训练方式多加演练，可以有效地提高你存活的概率。

第十八章

逃生计划

我倒是希望我可以告诉你准备一个逃生背包并且能够熟练使用它就万事俱备了。虽然你已经朝成功前进了一大步，但 BOB 只是逃生四大要素中的其中一个。

理论上来说，每个要素都可以用本书一样厚的篇幅来阐述论证。但是现在我们先对每一个要素有基本了解就可以了。如果你有兴趣参与的话，我在柳树天堂户外训练中心有一个为期三天的逃生生存训练营。

◆ 18.1 逃生计划（BOP）

一个完整的逃生计划对于逃生行动而言至关重要。它是一个事先预备详尽的逃生指南，同时又像清单一样简洁明了。筹备一个 BOB 只是整个逃生计划的一部分。而逃生之前，逃生过程中以及逃生之后，我们还有方方面面的事情需要考虑。下面就是一些重要的例子：

1. 家庭／团队在哪里会合？
2. 我们采用什么交通工具？
3. 逃生之前要先对房子做以下准备：

安装防火防水安全设备

把贵重物品妥善藏好

关掉水管总阀和用水设备

堵好下水道

关掉天然气

锁好防盗门

留下纸条

拿上备用汽油桶

4. 每个任务由谁负责？

5. 每个人都把自己负责的任务记在清单上了吗？

6. 是否携带宠物？

7. 目的地是哪里？

8. 如何抵达目的地？

灾难来临时，人们会陷入一片混乱。提前制订逃生计划可以尽快逃离并且减少伤亡，避免昂贵的代价。不要想当然地认为你能在没有明确详尽的清单以及逃生计划的情况下全身而退。

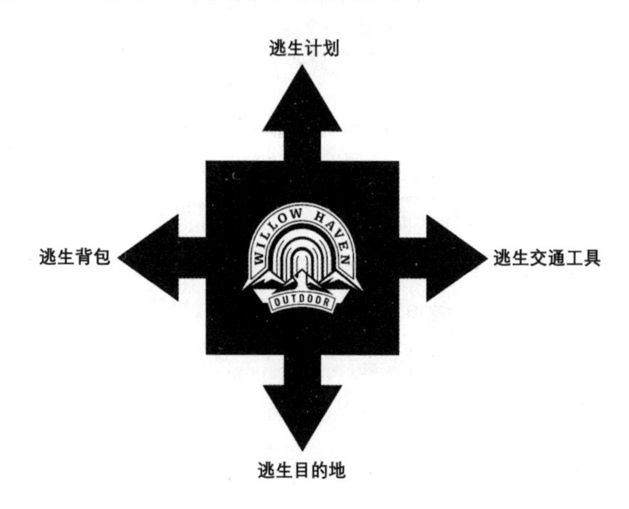

18.2 逃生交通工具（BOV）

BOV 是你前往逃生目的地（接下来会展开讲）路上偏好的交通工具。因为种种原因，你也许无法全程采用某一种交通工具，但是还是要确保它结实、高性能、可靠。我有一个朋友断言马是最好的交通工具，因为他认为马不需要燃料，体能强健，能携带很多行李，还能适应各种地形（公路或者越野）。尽管他说得有理有据，但是马并不适合所有人。

我认为所有的家庭在购买交通工具的时候都应该将逃生考虑进去。下面是我给到的一些重要原则作为参考：

原则1：性能良好/容易维修

这其实是一个常识。你的逃生交通工具必须是可靠的，并且配备紧急维修的工具和零配件。下面就是一个基本的清单：

- 备胎（1或2个）
- 结实的千斤顶和单向扳手
- 备用液体（机油、变速器油、动力转向液、刹车油、冷却剂等）
- 机油滤清器
- 新的安全带
- 各种备用软管
- 新电瓶
- 可以替换上述零配件的维修工具
- 涓流充电器

我的1972年的福特烈马

逃生用马匹

工作手套

如果你的逃生交通工具性能良好，你没必要把上述所有的东西都备齐。顺便强调一下，你必须会熟练驾驶你的逃生交通工具。这意味着你得多加练习。我的逃生车是一辆1972年的福特烈马。我选择它最重要的原因是几乎所有它的发动机故障我都可以修好。但是现在这些配备了数字化系统和数千个复杂零件的现代化车辆维修起来极其复杂，你必须要考虑好。

原则2：越野性能——4×4

你的逃生交通工具一定要具备越野能力，所以一定要是四轮驱动的。大部分SUV都满足这种要求。当你决定启动逃生交通工具的时候，想必已经陷入很危险的境地，这时候往往不得不越野。逃生路上最好要带上一两把扳钳，但那有点贵，可以事先在网上买一把二手的。车上起码还得配一条15米长的带钩索吊架的链条。优质、结实的轮胎有助于增强车辆在雪地或者泥泞道路上的行驶能力。带上一套牵引设备也是不错的选择。我的一个朋友告诉我，车子陷在沟渠、雪堆、泥坑里的时候，把两条旧毯子翻过来（增大阻力），也可以当作不错的牵引装置。

结实的备胎是必备的

车顶置物架和前保险杠

原则3：续航里程/燃油效率

如果你的逃生交通工具的续航里程不足以把你送到目的地，那么它还有什么用？所以你应该保持汽车一直满油。通常来说，你的逃生之旅不可能一帆风顺，你可能会遭遇绕路、堵车，甚至是越野。你最好确切了解抵达逃生目的地需要多少燃油，并且以此为据在车上备上四倍的燃油——无论是二手市场的大容量油桶还是分装的19升（5加仑）小油罐。没有燃油就无法行驶。如果你认为可以随时随地在路边加到油，那简直太天真了。

原则4：载货空间

显而易见的是，逃生交通工具上需要空间搭载你和你爱的人。但你同样也要给逃生背包和其他必备物资，包括帐篷、食物、武器、水、维修工具、燃料等预留足够的空间。车顶架和额外货篮可以增加车的运载能力。但是我不提倡在车后面加一个拖车，如果有这个必要的话，你要确保车子有足够大的牵引力可以拉着拖车翻山越岭。一个定做的车顶储物架也可以大大提高储存空间。

5加仑的燃料补给桶

燃料存储架

我的四轮驱动福特货车，加装了顶部储物架和前保险杠

保险杠

原则5：补充物资

这一小节我们不是谈某一个具体的物品，而是各种各样的生存补充物资。你的逃生背包应该能满足72小时生存的大部分需求。补充物资就是用于补充已有物资的。下面的清单不一定全面，我称其为“灵活”清单，我经常根据实际情况改善和调整我的物资。你的逃生交通工具上应该配备以下物资（排名不分先后）：

大号斧头或者锯子，用于清理灌木或者砍柴

闪光灯 / 信号装置

铁铲

灭火器

当地纸质地图

各种设备的备用电池

两个手电筒

比 BOB 内更充足的紧急医疗物资

断线钳

大号撬棍

功能完好的市民频段（CB）无线电设备

基础工具包

车辆使用手册

干净的饮用水 —— 越多越好

全球定位系统（GPS）

双筒望远镜

渔具（不占地方而且几乎没有重量）

毯子

备用燃料

一加仑（4升）漂白剂（用于消毒）

◆ 18.3 备选逃生交通工具

具体的情况不一样，汽车并不是每一个人的最优选。如果你生活在纽约这样的超级大城市，你可能甚至没有小汽车或者SUV。逃生交通工具多得出乎你的想象，任意一种都比步行好。小型逃生交通工具，例如自行车、轮滑车、摩托车、全地形车（ATV）和农夫车（UTV）都有

逃生用越野车

逃生用自行车

它们自己独特的优势。

除了背上的 BOB，自行车还可以帮你携带大量的补充物资。自行车不需要补充燃料（大规模逃生中依赖燃料是不现实的）。自行车、轮滑车、越野摩托、摩托车在交通拥堵的时候可以发挥出卓越的机动能力。

三轮车、四轮车、沙滩车、多功能运载车都是优秀的逃生交通工具，载着我们翻山越岭。它们可以运载数吨装备，前往任何地方。最大的缺点就是有违公路法规。虽然在大规模逃难时，我也不会去考虑交通法这种东西，但是在日常，我们还是应该多加注意。

◆ 18.4 逃生目的地（BOL）

如果你自己都不知道要去哪里，你怎么还能指望顺利到达目的地呢？ BOL 指的就是你的逃生目的地。它可能离家很远，所以你一定要深思熟虑。下面是我选择逃生目的地的几条基本原则：

符合实际的距离

我认为逃生目的地距离大城市最起码有一整箱油的行驶里程。在经济、基础设施和供应链的大规模崩溃的情况下，人们就会开始冒险在近郊抢夺食物、燃料和药物等等。如果上述情况发生了，燃料就会变得稀缺且昂贵。而距离城市保持一箱油以上的里程，可以极大减少你遭遇不法之徒和集体冲突的概率。

话说回来，逃生目的地也不能太远，必须保持在离家72小时的步行范围之内。如果出于某些疯狂的原因你不得不弃车逃走，你必须在逃生背包所能维持的72小时内步行到目的地。我的逃生目的地距离我家约130公里，我真的不希望有朝一日我得背着 BOB 走那么远的路。在我看来，逃生目的地距离家最好不要超过8小时的车程。理论上来说，应该控制在2 ～ 3个小时车程。

住宅、旅馆、荒野 —— 去哪里?

我认为你的逃生目的地应该是某位家庭成员或者朋友的家，经过他的同意可以在逃生时携带你的家人入住。同样地，你也可以拿自己的家作为交换。我不太认可逃到旅馆，因为你不能保证到时候会有房间。我已经数不清到底多少次从生存论坛的朋友里听到他们要逃往荒郊野外。说出这种话的人一般都没有多少户外生存经验。

在荒野长时间生存是极其困难的，尤其是当你弹尽粮绝的时候。进入原始荒野地区就更不切实际了。也许你会认为这听上去充满冒险的乐趣，但事实正好相反，即便是对经验老到的生存专家。我的逃生目的地是我童年的家 —— 我父母在印第安纳州南部的农场。提前策划好这一切是非常重要的。

这儿有一些短期逃生目的地供参考：

和朋友或者家人在一起（首选）

购置一小块偏远的土地，并准备野营车、房车或者小屋

临时避难所（森林小木屋）

可能需要徒步

住在房车里，随时转移

露营地 / 公园 / 静修所

通过教会或者俱乐部与当地人打交道

与同事、朋友或者教会成员协作

再搞个房子（不一定是短期的）

逃生目的地六个货架中的两个（大量的物资）

木材燃烧炉、太阳能设备、蜡烛和油灯

要在逃生目的地准备物资吗？

是的，你应该准备。我在逃生目的地准备了3个月的食物供给以及一套医疗急救装备。我还储藏了打猎装备、枪支和其他生存物资。这不是危言耸听，抵达逃生目的地只是求生的第一步。你的BOB只管72小时的应急，但你的逃生目的地应该提供长期的生存物资，直到你安全地重返家园。

◆ 18.5 小结

显然，除了逃生背包以外，你还有非常多值得考虑的。飓风、洪水、龙卷风、恐怖主义、森林大火、瘟疫和外来入侵者绝不会对你手下留情。不要在死亡的前3分钟才感到恐惧。生存就像是一场赌博，没有永远的赢家。提高你胜率的唯一选项就是提前做好准备。对逃生的四大因素有一个全面的掌握，会极大提高你的存活概率。

第十九章

货源与居家练习

要打造一套完整的BOB，需要在以下几个方面做好准备：逃生装备、理论知识和亲身实践。在第十九章里，我把生存物资分为12类，每一类都按照这三个点来论述：

1. 货源：在这一部分，我列出了本书提到的大部分物资以及购买它们的渠道；

2. 深入研究：在这一部分，我罗列了书籍、网站、组织、学校等资料供你进一步研究；

3. 居家练习：熟能生巧。能熟练使用BOB装备是很重要的。我在这部分介绍了你和家庭成员在家熟悉BOB装备和技能的重要方法。

19.1 水和净水器

货源

Nalgene 水瓶（树脂或不锈钢）

nalgene.com

dickssportinggoods.com

moosejaw.com

rei.com

其他户外露营零售商和网上商店

可以套在军用金属水壶套中的 Nalgene 水壶（树脂）

www.canteenshop.com

Playpus 可折叠水瓶

cascadedesigns.com/platypus

金属水瓶

campmor.com：Search water bottles

kleankanteen.com

净水药片

aquamira.com

katadyn.com

moosejaw.com

willowhavenoutdoor.com

滤水器

aquamira.com

rei.com

moosejaw.com

dickssportinggoods.com

forgesurvivalsupply.com

深入研究

aquamira.com

katadyn.com

youtube.com：搜索 survival water purification（生存、水资源、净化）

居家练习

练习用 BOB 中的物品对饮用水进行预过滤，比如大手帕、卫生纸、N95 防尘口罩等等。

如果你要带上净水器，你必须了解它的工作原理。使用的过程中不要弄混装脏水与净水的容器。

在金属容器中练习烧开水。用你的现代化燃料（固体燃料块或固体酒精）或者户外生火的方式。用心记下来所需燃料量与时长。

19.2 食物和烹饪用具

货源

美军军用即食口粮

mrdepot.com

mrestar.com

当地陆军／海军军品店

露营脱水食品

wisefoodstorage.com

mountainhouse.com

survivalacres.com

moosejaw.com

rei.com

forgesurvivalsupply.com

dickssportinggoods.com

其他户外露营零售店或者网店

便携厨具

gsioutdoors.com

rei.com

其他户外露营零售店或者网店

金属杯

gsioutdoors.com：搜索 glacier cup

basspro.com：搜索 glacier cup

叉勺

campmor.com：搜索 spork

industrialrev.com

p-38开罐器

willowhaveoutdoor.com

当地陆军／海军军品店

Esbit 炉子和固体燃料块

campmor.com：搜索 esbit

industrialrev.com

WetFire 简易炉和 WetFire 固体燃料块

campmor.com：搜索 wet fire stove

气罐炉

cascadedesigns.com/msr

snowpeak.com

dickssportinggoods.com

moosejaw.com

rei.com

campmor.com：搜索 stoves

forgesurvivalsupply.com

深入研究

survivalacres.com

mreinfo.com

youtube.com：搜索 survival cooking

居家练习

尝试单独用 BOB 里的物资做一顿饭。把现代化炉子和户外生火的方式都尝试一遍。做完饭后再单独用 BOB 里的物品来清洗厨具。要留意各种可以提高效率的方法。每个月可以进行一次“逃生晚餐”演练。这不仅仅帮助你熟能生巧，还能保持 BOB 内食物的新鲜。

练习搭建一个能挂住小锅的三脚架，在下方生火来加热食物或者烧开水。看似简单，但是很多人练习很久才能成功。

19.3 衣物

货源

衣物（衬衫、裤子、抓绒衣、内衣、羊毛袜、手套、帽子等）

dickssportinggoods.com

moosejaw.com

rei.com

其他户外露营零售店或者网店

深入研究

无

居家练习

如果你住在寒冷的地方，一定要准备一套御寒的衣物。穿上它们去户外评测，看看是否能满足你的各种需求。

练习在户外生火，然后用它来烤干湿衣服和靴子。要特别留心记录，烘干衣物需要多久以及多少燃料。这是个非常现实的任务。

◆ 19.4 庇护所和寝具

货源

军用雨披

uscav.com：搜索 poncho（军用雨披）

本地陆军／海军军品店

轻型防水布

moosejaw.com（非常不错的选择）

equinoxltd.com

bushcraftoutfitters.com

bensbackwoods.com

etowahoutfittersultralightbackpackinggear.com

便携帐篷

rei.com：搜索 tent（帐篷）

campmor.com：搜索 tent

dickssportinggoods.com

moosejaw.com

其他户外露营零售店或者网店

睡袋

户外露营零售店或者网店（根据个人需求购买）

防潮垫

cascadedesigns.com/therm-a-rest

rei.com

其他户外露营零售店或者网店

急救毯

adventuremedicalkits.com

其他户外露营零售店或者网店

羊毛毯

willowhavenoutdoor.com

深入研究

youtube.com：搜索 tarp shelter（天幕帐）、poncho shelter（雨披帐）、emergency blancket shelter（救生毯庇护所）、tarp shelter knots（天幕帐绳结）

realitysurvival.com

animatedknots.com

居家练习

练习搭建你的主要庇护所，直到得心应手。每个季度至少带着你的庇护所物资去露营两晚以上。这是唯一查漏补缺的方式。

除了搭建主要庇护所，你还要熟悉用雨披、防水布、垃圾袋或者急救毯来搭建紧急庇护所。

学会用绳子打各种结：拉绳结、双半结和西伯利亚结。我搭建的每个庇护所都用到了以上所有的打结法。你可以在willowhavenoutdoor.com 找到详细的教学视频。

每个季节都要测试你的睡袋和防潮垫，经常思考，它们可以满足你在不同季节逃生时的舒适温度吗？

◆ 19.5 火种

货源

防风防水火柴

campmor.com：搜索 matches（火柴）

铈铁棒 / 铁合金棒

bensbackwoods.com

industrialrev.com

kodiakfirestarters.com

WetFire 火绒

campmor.com：搜索 wetfire

willowhavenoutdoor.com

深入研究

youtube.com：搜索 survival fire starters，wetfire，how to build a fire

居家练习

练习使用你的点火工具（打火机、火柴、打火石）给炉子生火。

熟练掌握生火技术。

练习使用你的点火工具给火绒（PET Balls 和 WetFire）生火。

练习在户外收集火绒生火，比如干草、香蒲科植物的茸毛、桦树皮。你可以将你的 Carmex 润唇膏混进去做助燃剂。

练习将火烧得足够旺可以烧水做饭。不光是四个季节，下雨天也要多加练习，提高熟练度。学会搭建点火平台保护火种，这样你在潮湿的地面和雪地里也能用火。

19.6 急救用品

货源

adventuremedicalkits.com

readykor.com

rei.com

dickssportinggoods.com

moosejaw.com

其他户外露营零售店或者网店

急救毯

adventuremedicalkits.com

其他户外露营零售店或者网店

碘化钾防辐射药片

ki4u.com

nukepills.com

深入研究

网站

cdc.gov

野外医疗：wms.org

野外医疗协会：nols.edu/wmi

kiu4.com（有大量关于核危机以及碘防辐射的信息）

nukepills.com（有大量关于核危机以及碘防辐射的信息）

书籍

《野外医疗指南》（*Filed Guide to Wilderness Medicine*）作者：Paul S.Auerbach

《没有医生怎么办》（*When There Is No Doctor*）作者：David Werner，Jane Maxwell and Carol Thuman

《户外黄金急救指南》（*Medicine for the Outdoors：The Essential Guide to Emergency Medical Procedures and First Aid*）作者：Paul S.Auerbach

《户外急救手册》（*Outdoor Medical Emergency Handbook*）作者：Dr.Spike Briggs and Dr. Campbell Mackenzie

居家练习

报名参加线下急救课程，学习基础的急救技能和治疗方法。许多社区都会开设这类课程。如果你所在社区没有，可以在 americanheart.org 或 redcross.org 找附近的列表。

疾病控制中心的网站上有极为丰富的急救知识，你可以在它们的网站上对应查询。作为纳税人，你应该对其物尽其用，网址是cdc.gov。

◆ 19.7 卫生保健

货源

轻质毛巾

ultralighttowels.com

个人卫生用品

当地商超和药房

深入研究

疾病控制中心的网站上同样有丰富的疾病相关的卫生保健信息。你可以登录 www.bt.cdc.gov/disasters 网站查询。

◆ 19.8 工具

货源

生存刀

Black 牌 SK-5野外生存刀：

hedgehogleatherworks.com

Becker 牌 BK2生存刀：

willowhavenoutdoor.com

hedgehogleatherworks.com

Gerber 牌 Big Rock 野营刀：

gerbergear.com

dickssportinggoods.com：搜索 Gerber Big Rock Camp knife

Mora 牌 840 MG 生存刀：

willowhavenoutdoor.com

ragweedforge.com

多功能工具

leatherman.com

rei.com

budk.com

砍刀

willowhavenoutdoor.com

coldsteel.com

uscav.com

可折叠雪铲（应付冬季暴雪）

ebay.com：搜索 ski shovel（滑雪铲）

深入研究

youtube.com：搜索 knife batoning（警棍暴揍）、feather sticks（羽毛棍）、leatherman survival（莱泽曼求生）、survival knife（求生刀）。

居家练习

用你的生存刀练习“警棍暴揍”，这是指用很重的木头或者石头多次猛砸刀背，刀刃借力劈开下方更大的木头。这是一个极佳的劈柴砍树之道。

尝试用刀削尖木头，当作地钉来固定帐篷。记录下合适的长度和大小。

养成随身携带小刀的习惯并且经常使用它们。

◆ 19.9 照明

货源

头灯

campmor.com：搜索 headlamp（头灯）

dickssportinggoods.com

moosejaw.com

其他户外露营零售店或者网店

Maglight 迷你钥匙扣灯

当地五金商店

Photon LED 钥匙扣灯

willowhavenoutdoor.com

photonlight.com

laughingrabbitinc.com

9-Hour 蜡烛

willowhavenoutdoor.com

campmor.com：搜索 candle（蜡烛）

深入研究

无

居家练习

佩戴头灯，在夜间搭建紧急简易庇护所。

佩戴头灯，在夜间生火。

佩戴头灯，在夜间加工 BOB 中的食物。

19.10 通信工具

货源

手摇多功能收音机和手机充电器

etoncorp.com

campmor.com：搜索 eton

rei.com

耐用的地图袋

许多户外露营零售店或者网店的水上运动专柜

campmor.com：搜索 map case（地图袋）

对讲机

许多户外露营零售店或者网店

指南针

许多户外露营零售店或者网店

Rite in the Rain 全气候笔记本

riteintherain.com

深入研究

国家气象服务和 NOAA 气象广播的相关信息可以在这个网站获取：www.nws.noaa.gov/nwr。

youtube.com：搜索 how to use a compass（如何使用指南针）

居家练习

在你的地图上标记通往同一目的地（BOL）的三条不同的逃生路线，每条路线至少走过一次。熟悉路上的特殊地点，比如加油站、水源、停车场、露营地以及避险小道。

很多人并不知道如何使用指南针。用指南针配合纸质地图，寻找你想去的目的地。一本简单的童军手册就可以告诉你指南针的一切知识（在定向越野一章中）。

使用你的应急无线电台来收集信息。了解你附近的可用信号站。在糟糕的天气里，你要学会用它来了解气象信息，预测接下来的天气。如果你不会操作应急无线电台，那么它还不如一块砖头有用。

◆ 19.11 防御与自卫

货源

辣椒喷雾

coldsteel.com：搜索 pepper spray（辣椒喷雾）

许多户外露营零售店或者网店

深入研究

线下自卫课程

居家练习

参加一门线下自卫课程。学会如何对敌人的关键部位给予致命一击。

在我的第一罐辣椒喷雾过期之前，我做了许多练习来熟练使用。我需要知道如何启动它，以及喷头的灵敏度、喷雾的准确性和有效距离。我建议如果你在你的辣椒喷雾过期之前还没用完，也和我这样做几次练习。

◆ 19.12 其他装备

货源

渔具

你可以从当地的渔具店自己搭配或者挑选

550 降落伞绳

willowhavenoutdoor.com

combatparacord.com

uscav.com

当地的童子军用品店里通常会有

小型的缝纫工具包

当地的缝纫用品店或者杂货店

下面这些物品几乎都可以在五金店或者折扣店里买到：

N95 防尘口罩

55 加仑的工业级垃圾袋

塑料密封袋

1 米长的橡胶导管

强力管道胶带

头巾

深入研究

youtube.com：搜索 survival fishing kit（求生渔具包）、paracord uses（降落伞绳的使用）、survival garbage bag（求生垃圾袋）。

animatednots.com

在家练习

在你的院子里练习用垃圾袋搭建一个简易避雨棚。

练习用 550 伞绳打这些绳结：布林结、平结、三脚架编结和双套结。

剪断并松开 15 厘米的 550 伞绳，了解它的编织结构。

用 55 加仑的垃圾袋做一个简易雨披，并开几个合适的洞露出你的头和胳膊。

◆ 19.13 宠物逃生装备

货源

小狗背包 / 装备

rei.com

petco.com

Granite gear（花岗岩牌）宠物碗或者其他可折叠的宠物碗

moosejaw.com

山羊驮包

NAPgA.org

northwestpackgoats.com

buttheadpackgoats.com

深入研究

NAPgA.org：搜索山羊驮包相关信息

居家练习

如果你计划逃生的时候让你的宠物自己背包，你就得日常多训练它。一开始用空包练习散步，随后几周逐渐增加负重。

◆ 19.14 303.80美元速成逃生背包

于我而言，组装一个BOB是一件非常有乐趣的事情，我享受搜寻与采购物资的过程。我对品质非常偏执，所以我大部分的工具和装备都是顶级的。但并不是所有人都像我这般饶有趣味地钻研，虽然他们了解BOB的重要性。许多人并不是装备发烧友，他们需要一种简单、速成、经济的方式来达到目的。

如果你恰好有这样的需求，那么你可以根据我的清单，去你当地的大型超市里花303.80美元（写本书时的价格）一站式购齐。如果你已经

购买部分主要逃生物资的收据

56升的内架式背包

拥有一些关键的物资，比如背包、睡袋、生存刀等，那么你的开支会更低。请注意，这个清单里的物资是以“经济适用”为标准的。大型商超，例如沃尔玛，虽然不是集一线露营、旅行、求生物资品牌于一体的专业户外用品零售店，但是我发现近两年来它们的户外专区发展得愈加完善，总能挑到称心的装备。所以大型商超对于懒人而言是最佳选择。由于众口难调，本清单不包括服饰、婴幼儿及宠物用品。我还会在每个类别后面标注不包含的物品。

◆ 19.15 大型商超 BOB 物资清单

逃生背包

带背负系统的56升背包，59美元

特点：

可以携带各种储水容器

6个方便存取的外部口袋

负重肩带和腰带

底部有可挂载睡袋的D环形五金

水和净水器

专业户外铝壶：5美元

0.75升日常塑料水壶：1.5美元

专业户外2升水袋：9.88美元

Coleman 牌净水片：5.88美元

提示：水未包含在内。

食物和炊具

2份 Coleman 脱水露营餐：每份4.88美元

3根 CLIF 能量棒：每根0.98美元

Coleman Max 系列便携炉具：25.88美元

Coleman 丁烷／丙烷燃料罐：4.88美元

专业户外叉勺4件套：3.88美元

金属罐装的 Great Value 咖啡（罐子用完后可用作烹饪容器）：2.98美元

水瓶和净水药片

逃生食物

提示：以上未包括金属杯、锅刷和P-38开罐器。

衣物

Rocky徒步羊毛袜：7.97美元

Coleman成人雨披：6.44美元

Wells Lamont牛皮工作手套：2.5美元

提示：未包括靴子、服饰、内衣、帽子和防寒装备。

庇护所和寝具

Ozark Trail 8英尺×10英尺的防水布：6.88美元

Coleman 40华氏度（4.44摄氏度，此为舒适温度）睡袋：22.88美元

Ozark Trail防潮垫：6.44美元

提示：未包括帐篷和伞绳。

生火

普通打火机：0.97美元

基本服装

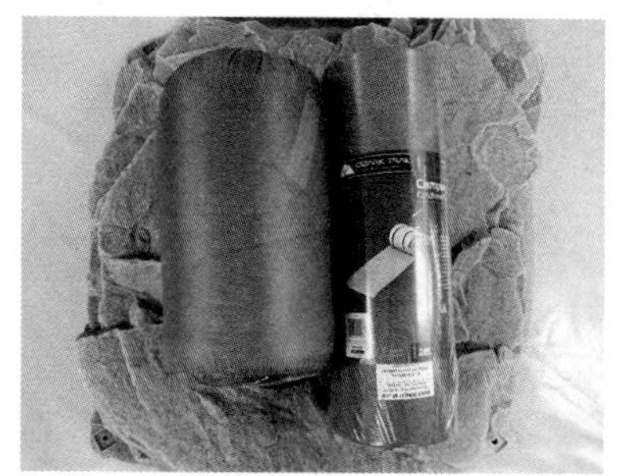
睡袋和睡垫

防水布

引火物

急救物品

卫生用品

Coleman 镁条和火绒：7.44美元（镁是非常好的助燃剂）

Coleman 防水火柴：1.88美元

Coleman 火柴盒：1美元

急救物资

Ozark Trail 急救毯：2.88美元

Coleman 15%避蚊胺驱虫剂：2.88美元

Coppertone 防晒系数30的防晒霜：0.97美元

Coleman 旅行急救套装：7.88美元

卫生用品

Coleman 露营香皂：3.88美元

Coleman 露营毛巾：3.88美元

便携梳妆镜：0.97美元

Purell 洗手液：1.52美元

Wet ones 抗菌湿巾：0.97美元

Kleenex 3包装纸巾：0.97美元

Wisp 4只装一次性牙刷：1.5美元

提示：未包括女性用品。

照明

Energizer LED 头灯：4.88美元

Rayovac LED 钥匙扣灯：2美元

提示：没有包括蜡烛或者荧光棒。

工具

Remington 一体式直刀，刀刃和刀鞘长5英寸：24.97美元

照明设备

工具

急救哨

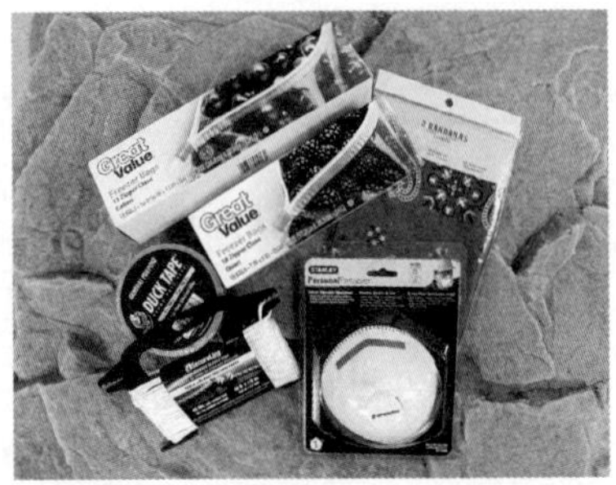

其他物品

Ozark Trail 多功能工具：9.88美元（我强烈建议你买更好的工具）

通信工具

Ozark Trail 带有口哨、温度计和放大镜的多功能指南针：3.88美元

提示：没有包括应急无线电台、本地地图和对讲机。

防御与自卫

Remington 一体式直刀，刀刃和刀鞘长5英寸：24.97美元

提示：没有包括辣椒喷雾、枪和弹药。

其他物品

48英寸尼龙编织安全绳：2.57美元

Stanley N95口罩：4.97美元

Great Value 冷藏袋——大号和小号：每个1.76美元

2条装纯棉头巾：2美元

Duck Brand 管道胶带：2.97美元

提示：没有包括垃圾袋、墨镜、针线包、乳胶管、渔具和望远镜。

◆ 19.16 生存博客

每天都会有新的求生博主上线。每个人都有自己独特的风格和经历。有一些教学型很强，有一些娱乐性十足，但他们有一个共同点就是都对户外生存非常热爱。从种子收集到公寓生存指南，术业有专攻，每个博主都有自己擅长的求生领域。个人经历和生活环境影响着他们的创作，塑造了他们的风格。若是你对此感兴趣，可以在网上多加留意。